Mein gesunder American Staffordshire Terrier

TOPFIT
KERNGESUND
AKTIV

Robert Williams

Ulmer

Wir bedanken uns sehr herzlich bei Familie Berger, die uns viele wunderschöne Aufnahmen ihrer American Staffordshire Terrier aus ihrem Zwinger „Von der Schneppenburg" zur Verfügung gestellt hat.

Fotonachweis: Isabelle Francais, Brigitte Berger (Zwinger „Von der Schneppenburg")

Hinweis

In diesem Buch sind die Namen von Medikamenten, die zugleich eingetragene Warenzeichen sind, als solche nicht besonders kenntlich gemacht. Es kann also aus der Bezeichnung der Ware mit dem für diese eingetragenen Warenzeichen nicht geschlossen werden, dass die Bezeichnung ein freier Warenname ist. Die Markennamen wurden nur beispielhaft aufgeführt. Hinsichtlich der in diesem Buch angegebenen Dosierungen von Medikamenten usw. wurde die größtmögliche Sorgfalt beachtet. Gleichwohl werden die Leser aufgefordert, die entsprechenden Beipackzettel der Hersteller zur Kontrolle heranzuziehen. Die beispielhafte Auflistung von Medikamenten bzw. Wirkstoffen ist kein Beweis dafür, dass diese in Deutschland zugelassen sind. Der behandelnde Tierarzt ist aufgefordert, die jeweilige (Zulassungs-)Situation zu überprüfen.

Die in diesem Buch enthaltenen Empfehlungen und Angaben sind vom Autor mit größter Sorgfalt zusammengestellt und geprüft worden. Eine Garantie für die Richtigkeit der Angaben kann aber nicht gegeben werden. Autor und Verlag übernehmen keinerlei Haftung für Schäden und Unfälle. Der Leser sollte bei der Anwendung der in diesem Buch enthaltenen Empfehlungen sein persönliches Urteilsvermögen einsetzen. Der Verlag Eugen Ulmer ist nicht verantwortlich für den Inhalt von Links.

Bibliografische Information der Deutschen Nationalbibliothek

Die Deutsche Nationalbibliothek verzeichnet diese Publikation in der Deutschen Nationalbibliografie; detaillierte bibliografische Daten sind im Internet über http://dnb.d-nb.de abrufbar.

Wollgrasweg 41, 70599 Stuttgart (Hohenheim)

E-Mail: info@ulmer.de

Internet: www.ulmer.de

Titelfoto: Lenkadan/Shutterstock.com

Umschlagentwurf: Verlag Eugen Ulmer

Druck und Bindung: Graphischer Großbetrieb Friedrich Pustet, Regensburg

Printed in Germany

ISBN 978-3-8186-0014-3

Inhalt

Vorwort 4

Entstehungsgeschichte der Rasse 6

Charakter und Körperbau 11

Die Auswahl 19

Die Ernährung 31
Grundsätzliches zur Ernährung des American Staffordshire Terriers · Selbst zubereiten oder Fertigfutter? · Was darf ich füttern, was nicht? · Futteransprüche des Welpen · Futteransprüche des erwachsenen Hundes · Futteransprüche im Alter · Was Sie sonst noch wissen müssen

Die Erziehung 41
Was zu bedenken ist · Wann beginnen? · Grundlagen der Erziehung · Die Stubenreinheit · Das Alleinsein · Die Leinenführung und bei Fuß gehen · Kommen auf Ruf · Das Auslassen · Das „Sitz" · Das „Platz" · Das Betteln · Ihr Missfallen deutlich machen · Die weitere Ausbildung des Amercian Staffordshire Terriers

Vorbeugende Maßnahmen und Gesundheitspflege 51
Zucht und Auswahl der Elternhunde · Allgemeine Vorsichtsmaßnahmen · Impfungen · Wurmkuren ·
Im Alter bis acht Wochen · Im Alter von acht bis sechzehn Wochen · Im Alter von vier bis zwölf Monaten · Im Alter von ein bis sieben Jahren · Der ältere American Staffordshire Terrier

Krankheiten 67

Infektionen und Parasitosen 85

Erste Hilfe 101

Glossar 116

American Staffordshire Terrier gehören zu einer Hundegruppe, die in den letzten Jahren zunehmend in die Linie allgemeiner Kritik geraten ist. Dass die sehr durchwachsene Geschichte dieser Rasse, für die einzig und allein die Menschen verantwortlich sind, die diese Hunde züchteten, um sie auszubeuten und zu missbrauchen, nicht immer ruhmreich war, ist nicht von der Hand zu weisen. Anlass zur Sorge muss die Vergangenheit aber nicht zwingend geben. Es sind nur wenige verantwortungslose Züchter und Halter, die dieser liebenswerten Rasse auch in unseren modernen Zeiten noch zu solch negativen Schlagzeilen „verhelfen", wie wir sie derzeit lesen müssen. Es ist den seriösen American Staffordshire Terrier-Züchtern hingegen in den letzten Jahrzehnten gelungen, die positiven Eigenschaften der AmStaffs über die Maßen zu fördern und die Aggressivität, die – und das sollte selbst den schärfsten Kritikern klar und verständlich sein – immer nur gegen eigene Artgenossen und nie gegen den Menschen vorhanden war, herauszuzüchten. Was bleibt ist ein Hund, der menschenbezogener, intelligenter und friedfertiger kaum sein kann.

Dieses Buch gibt Ihnen viele Ratschläge – von der richtigen Auswahl des Welpen über die notwendige Erziehung bis hin zu einer gesundheitsbewussten Ernährung. Im Vergleich zu anderen Büchern stehen hier nicht die Ausstellungshunde, der ideale Körperbau oder die Zucht im Vordergrund. Wir gehen vor allem auf die Gesundheitsvorsorge ein, die für Sie als Hundehalter wichtig ist. Wir wollen Ihnen all das Wissen an die Hand geben, das Sie benötigen, um Krankheiten frühzeitig zu erkennen, das Verhalten Ihres American Staffordshire Terriers richtig einzuschätzen und ihm ein langes und gesundes Leben zu ermöglichen. Dazu gehört neben einem rassespezifischen Teil über die häufigsten Krankheiten auch ein eigenes Kapitel zur Ersten Hilfe, mit dem Sie sich und Ihren Hund vertraut machen sollten. American Staffordshire Terrier sind durch eine vernünftige Zuchtauswahl eine gesunde Rasse, doch können Krankheitsfälle nie völlig ausgeschlossen werden. Hierauf bereitet Sie unser Buch vor, damit Sie im Fall der Fälle angemessen reagieren können. Die Lektüre dieses Buches ersetzt aber nicht den Tierarztbesuch!

Die Geschichte der AmStaffs hat Höhen und Tiefen gesehen. Der moderne Typ des AmStaff, wie ihn auch Bodie verkörpert, zeichnet sich durch Intelligenz und Menschenbezogenheit aus. Foto: Berger

Die Zeiten des Kupierens sind in Deutschland seit 1998 vorbei. In anderen Ländern, so auch in den USA, wo diese beiden prächtigen American Staffordshires fotografiert wurden, ist es nach wie vor gängige Praxis.
Foto: I. Francais

Um uns den Ursprüngen des American Staffordshire Terriers zu nähern, müssen wir uns nach England begeben. Seine Ahnen sind die Bull and Terrier, die – der Name legt es nahe – Kreuzungen aus den Old English Bulldogs und verschiedenen Terriern waren. Wollen wir den modernen American Staffordshire Terrier verstehen, werfen wir am besten einen Blick auf eben diese Hunde, deren Zucht in England eine lange Tradition hat. Erste gezielte Kreuzungen zwischen Bulldogs und Terriern hat es wahrscheinlich um 1800 gegeben. Da es zu dieser Zeit aber noch keine Rassehundezucht gab, wie wir sie heute mit ihren Standards und Zuchtzulassungen kennen, ist es immer heikel zu sagen, dass Bulldogs und Terrier gekreuzt wurden. Die Eltern dieser Hunde waren selbst oftmals verschiedenen „Rassen" zugehörig. So war auch die Bezeichnung „Bulldog" nicht sehr spezifisch. Im Prinzip verbargen sich dahinter alle Hunde, die Bulldog-artig waren. Dies konnten mehr oder weniger „reinrassige" Bulldogs, aber auch Bull and Terrier-Züchtungen sein. Wie so oft zu Beginn der Hundezucht war das Zuchtziel nicht das besondere Aussehen oder die Reinzucht eines Hundeschlags, sondern einzig und allein der Verwen-

Wenn man Schaller´s Peter Pan of x-Part in die Augen schaut, kann man gar nicht glauben, dass seine Ahnen in Hundearenen, sogenannten Pits, gegeneinander kämpfen mussten. Foto: Berger

dungszweck. Dieser war zu jener Zeit für diese Hunde der Kampf in der Arena, genannt „Pitt“. Nicht nur der Wettbewerb „Hund gegen Hund“ stand auf dem Veranstaltungsplan, kämpfen mussten die armen Kreaturen gegen fast jedes Lebewesen, dem sie kräftemäßig mehr oder weniger gewachsen waren. Das ging von kleinerem Raubzeug, das auf Masse „vernichtet“ wurde, bis hin zu Bullen und Eseln. Mit der Zeit stellte sich aber der Kampf „Hund gegen Hund“ als interessanteste und somit auch lukrativste Alternative heraus. Bulldogs und Terrier waren besonders geeignet, um teilweise wahre Kampfmaschinen zu züchten. Auf der einen Seite steht der Bulldog, der sich neben seiner Kraft und robusten Statur vor allem durch seine extreme Menschenbezogenheit auszeichnete. Auf der anderen Seite sorgte der richtige Terrieranteil für die Schärfe und Aggressivität der Nachkommen. Welche Terrier-Typen eingekreuzt wurden, lässt sich heute nicht sagen. Zum einen aus den schon angesprochenen Schwierigkeiten, zu Beginn des 19. Jahrhunderts von Rassen sprechen zu können, zum anderen, weil schlichtweg keine Aufzeichnungen darüber bestehen, welche Hunde verpaart wurden.

Die Halter der Bull and Terrier waren arme Leute der untersten Arbeiterklasse. Sie hatten andere Sorgen, als Zuchtbücher zu führen. Wer einen erfolgreichen Champion sein eigen nennen konnte, wusste schon, auf welchem Weg er dorthin gelangt ist. Er behielt seine „Erfolgsmischung“ dann gerne für sich, um sich nicht selbst Konkurrenz heranzuzüchten. Die Wetteinsätze waren zwar nicht besonders hoch – schließlich war nicht nur die Zucht, sondern auch die Kampfarena in den Händen armer Menschen –, aber ein Sieg versprach schon ein lohnendes Preisgeld und natürlich Anerkennung. Die erste Hälfte des 19. Jahrhunderts stand somit fast ganz im Zeichen des Hundekampfes, bis 1835 in den „Human Acts“ ein Gesetz gegen die sogenannten „bloodsports“ verabschiedet wurde. Wie immer bei solchen gesetzlichen Maßnahmen wird das illegale Treiben aber nicht unterbunden, sondern in den Untergrund verdrängt. Hundekämpfe fanden nun in Hinterhöfen und Kellerräumen zwielichtiger Etablissements und Kneipen statt.

Amigo genießt die Pause auf dem Sofa mit seiner kleinen Freundin.
Foto: Berger

Die Zucht der Bull and Terrier unterlag noch in der Mitte des 19. Jahrhunderts keinen bestimmten Auflagen, und jeder kreuzte die Hunde nach seinen eigenen Vorstellungen. Naturgemäß wuchs die Anzahl von Bull and Terriern stetig, so dass man sich bald vor allem dieser Zuchtbasis bediente und die Bull and Terrier untereinander paarte. Bisher war es stets üblich, Bulldogs oder Terrier-Schläge weiterhin zur Zucht zu verwenden. Auch wenn zu diesem Zeitpunkt noch nicht von dem Bestreben einer Reinzucht gesprochen wird, liegen hier sicher die Ursprünge begründet.

In den 1860ern trennten sich die Wege der künftigen American Staffordshire Terrier und der Staffordshire Bullterrier. Mitte der 1860er – der amerikanische Bürgerkrieg war gerade beendet – setzte eine neue Auswanderungswelle ein. Es waren besonders die ärmeren Menschen, die sich eine Existenz in der Neuen Welt aufbauen wollten und ihre Hunde mitnahmen. Ein recht großer Anteil dieser Hunde waren die Nachkommen der Bull and Terrier-Kreuzungen. In Amerika teilte sich das Lager der Bull and Terrier-Besitzer recht schnell in zwei Fraktionen. Die eine beteiligte sich weiterhin mit ihren Hunden an Kämpfen, die andere nutzte ihre Hunde auf ihren Farmen und führte sie so an neue Aufgaben heran. Wer seine Hunde weiter für die Kämpfe züchtete, blieb prinzipiell den alten Vorstellungen und Formen der Zucht treu. Wer seinen Hund aber für die Arbeit auf seinen Gut nutzte, stellte andere Anforderungen an ihn. Die Hunde bewachten die Familie und den Hof, sie wurden zum Hüten der Herden eingesetzt, die sie auch gegen

wilde Tiere wie Wölfe oder Kojoten beschützten. Unerschrockene Kämpfer waren zwar auch für diese Aufgabe gefragt, aber im Gegensatz zu den „fighting dogs“ war auch Größe gefragt, um sich

Die Ahnen des AmStaffs sind die Bull und Terrier-Schläge aus England. Während sich dort der kompakte Staffordshire Bullterrier entwickelte, wurde in Amerika ein größerer Hund gezüchtet – der American Staffordshire Terrier.

den Angreifern imposant in den Weg stellen zu können. Es ist nicht belegbar, ob sich dieser Wandel durch die Selektion und konsequente Weiterzucht nur der großen Vertreter der Rasse vollzog oder ob andere Rassen eingezüchtet wurden. Wer seine Hunde für den Kampfsport züchtete, hatte schon genauere Aufzeichnungen über seine Zuchtbemühungen. So verwundert es nicht, dass diese Lobby ihre Hunde ab 1898 beim United Kennel Club (UKC) in Michigan unter dem Namen „American Pit Bull" eintragen ließ. Der UKC ist jedoch keine durch die FCI anerkannte Organisation. Dies ist für den amerikanischen Raum der American Kennel Club (AKC), der sich standhaft weigerte, eine Rasse anzuerkennen, die schon durch ihren Namen – Pit Bull – an die bis in unsere Tage stattfindenen illegalen Aktivitäten ihrer Halter erinnert. Erst im Zuge der Anerkennung des Staffordshire Bullterriers im Jahr 1935 durch den englischen Kennel Club, hatte auch ein Antrag beim AKC Erfolg. Der von Wilfred T. Brandon am 23. Mai 1936 gegründete „Staffordshire Terrier Club of America" reichte seinen Standard beim AKC ein, der diesen schon am 9. Juni desselben Jahres akzeptierte. Brandon war sicher kein unstreitbarer Mann, stand er doch der inzwischen illegalen Hundekampflobby recht nahe. So kam es auch, dass sich in seinem Club eine ganze Reihe Kampfhund-Freunde vereinigten, die ihre Hunde bis dahin beim UKC eintragen ließen. Eine Umschreibung war dann kein Problem, wenn die Hunde dem neu geschaffenen Standard entsprachen. Erst mit dem neuen Präsidenten William M. Whitaker verfolgte der Club ab 1948 eine scharfe Linie gegen die Kampfhundfraktion in ihren Reihen. Ihren heutigen Namen „American Staffordshire Terrier" erhielt die Rasse auf Anstrengungen des AKC 1974, als der Staffordshire Bullterrier auch von diesem Verband als Rasse anerkannt wurde – vor allem um Verwechslungen zu vermeiden. Erst im Jahr 1988 ändert der „Staffordshire Terrier Club of America" diesem Umstand entsprechend seinen Namen in „American Staffordshire Terrier Club " um.

Der Durchbruch des AmStaffs ließ in Deutschland einige Zeit auf sich warten. Erst 1972 wird der erste Hund beim „Deutschen Club für Bullterrier e. V." eingetragen. In der Folgezeit eilte den Hunden ihr Ruf als Kampfhund voraus. Sie wurden das Prestigeobjekt zwielichtiger Zeitgenossen. Seine nahe Verwandtschaft zum Pit Bull scheint diese Menschen in ihrem Glauben zu bestärken, eine Kampfmaschine zu erwerben. Die Welpenstatistik zeigt eine stetige Zunahme der Wurfzahlen von unter 100 Welpen bis Mitte der achziger Jahre auf fast 900 Mitte der neunziger Jahre. Seitdem gehen die Wurfzahlen dramatisch zurück. Im Jahr 1999 wurden nur noch 488 Welpen gemeldet, im Jahr 2000 waren es nur noch 291. Sicher ist dies eine Folge der neuen Bestimmungen und der anhaltenden Diskussion um diese Rasse, die sich jedoch, um wirklich konstruktive Ergebnisse bringen zu können, mehr um die Halter drehen sollte.

Es bleibt zu hoffen, dass es in den nächsten Jahren gelingt, den Fortbestand der Rasse in den Händen verantwortungsbewusster Züchter und Halter zu sichern. Der Imageverlust dieser Rasse ist groß, ebenso der Schaden, der auch in der Zucht durch verantwortungslose Zeitgenossen angerichtet wurde. Wir sollten uns dennoch nicht entmutigen lassen und weiter die Aufklärungsarbeit leisten, die notwendig ist, um dem American Staffordshire Terrier wieder das Ansehen einzubringen, das ihm gebührt.

Der Charakter und der Körperbau des modernen American Staffordshire Terriers sind das Produkt einer jahrzehntelangen Zucht. Wenn wir einberechnen, dass schon die Bulldog- und Terrier-Ahnen ihre recht gefestigten Eigenschaften an die Bull and Terrier weitergaben, die wiederum die Zuchtbasis der heutigen Amstaffs waren, können wir unbesorgt sagen, dass summa summarum 200 Jahre Zuchtgeschichte hinter unseren AmStaffs liegen. Diese Geschichte war, wie wir im vorangegangenen Kapitel hörten, recht wechselhaft und hatte in der Zeit der Hundekämpfe sicher ihren Tiefpunkt erreicht. So unterschiedlich die Verwendung dieser Rasse in den letzten beiden Jahrhunderten war, so diffizil und vielschichtig ist auch der Charakter und das Wesen dieser Hunde. Wollen wir den Charakter des AmStaffs verstehen, sollten wir uns zunächst von allen aktuellen und zurückliegenden Diskussionen zum Thema Kampfhunde distanzieren und vorurteilsfrei hören, welche Eigenschaften diesen Hunden im Lauf der Zeit angezüchtet wurden.

AmStaffs scheinen viele Widersprüche in ihrem Charakter zu vereinen. Wer sich für diese Rasse entscheidet, muss lernen, damit zu leben. Foto: I. Francais

Der Charakter des American Staffordshire Terriers

Im Standard des AmStaffs finden wir keinen gesonderten Absatz „Wesen und Charakter", lediglich im Abschnitt „Allgemeines Erscheinungsbild" gibt es einige vage Aussagen, darunter: „Er zeigt ein großes Interesse an allem, was in seiner Nähe vor sich geht. [...] Sein Mut ist sprichwörtlich." Werfen wir also besser einen Blick auf die Zuchtgeschichte. Anfangsziele der Bull and Terrier-Zucht lagen klar in der Schaffung eines Kampfhundes, der sowohl im Kampf mit seinesgleichen als auch gegen andere Tiere bestehen musste. Idealerweise waren diese Hunde aggressiv mit einer niedrigen Reizschwelle gegenüber ihren Widersachern, scharf, zäh, schmerzunempfindlich und von einer großen Beißkraft. Wie wir bereits gehört haben, steuerten die Bulldogs vor allem die körperlichen Voraussetzungen wie Muskel- und Beißkraft und ihre robuste Statur bei, wohingegen die kämpferischen Eigenschaften wie Aggressivität, Schmerzunempfindlichkeit und Schärfe von den verschiedenen Terrierrassen kamen. Wir haben es hier wirklich mit einer Kampfmaschine zu tun, dem – um es noch etwas brutaler zu gestalten – die natürliche Beißsperre weggezüchtet wurde, so dass keine Demutsgeste den Gegner mehr schützen konnte. Es drängt sich die Frage auf: Was will man heutzutage mit solch einem Hund, der offensichtlich nur einen Lebenszweck zu haben scheint – das Bekämpfen und in letzter Konsequenz Töten anderer Tiere? Im Prinzip zeigt der vorherige Satz schon das Hauptproblem im Verständnis dieser Rasse. Wir sprechen bisher nur über die Eigenschaften der AmStaffs – beziehungsweise der Bull and Terrier-Ahnen –, die sie im Kampf gegen andere Tiere und vornehmlich anderen Hunden zeigten. Wie aber war und ist das Verhältnis ihren Menschen gegenüber?

Wer sich noch nicht mit den American Staffordshire Terriern beschäftigt hat, wird alsbald eine große Überraschung erleben. Wir wissen aus der Geschichte der Rasse, dass Bull and Terrier die Hunde der ärmsten Bevölkerungsschicht waren. Wenn wir uns die beengten Wohnverhältnisse der damaligen Zeit, zu Beginn des 19. Jahrhunderts, vor Augen führen, müssen wir schnell erkennen, dass die Hunde mit ihren Haltern auf engstem Raum zusammen lebten. Wie soll das gehen? Nun, hier treffen wir auf einen der vielen Gegensätze, die diese Hunde in sich vereinigten: Erbarmungslos gegenüber dem Gegner, treu und liebevoll gegenüber Menschen. Man konnte es sich nicht leisten, einen ständig aggressiven Hund in seinem Zimmer zu haben. Die Menschen hatten damals keine Möglichkeit, ihre Hunde in Zwingeranlagen zu halten, dies war auch nicht das Ziel der Zucht. Es musste bei einem idealen Vertreter für einen Menschen möglich sein, selbst im hitzigsten Kampf die Hunde trennen zu können. Dies ist aber nur möglich, wenn der Mensch als absolute Autorität geachtet wird. Ein weiterer Pluspunkt, der bei bei diesen Hunden selten angesprochen wird, ist ihre große Intelligenz und somit einfache Erziehbarkeit.

All diese positiven Eigenschaften besaßen schon die Vorfahren der Bull and Terrier. Die seriöse American Staffordshire Terrier-Zucht, die sich von Anfang an von den Pit Bull-Fanatikern und sonstigen Züchtern von Kampfmaschinen trennte, hatte inzwischen fast ein dreiviertel Jahrhundert Zeit, gezielt die positiven Eigenschaften der Rasse zu fördern und – das soll nicht unter den Tisch fallen – die unerwünschten herauszuzüchten. Denn ein Problem hatten die Hunde, wenn sie als sozial verträgliche Familienhunde gehalten werden sollten, mit Sicherheit: sie waren aggressiv gegenüber anderen Tieren.

Der moderne AmStaff aus verantwortungsvoller Zucht ist ein intelligenter, leicht erziehbarer, menschenbezogener Hund, der besonders gut mit Kindern harmoniert. Eine auffallend gesteigerte Aggressivität gegenüber anderen Hun-

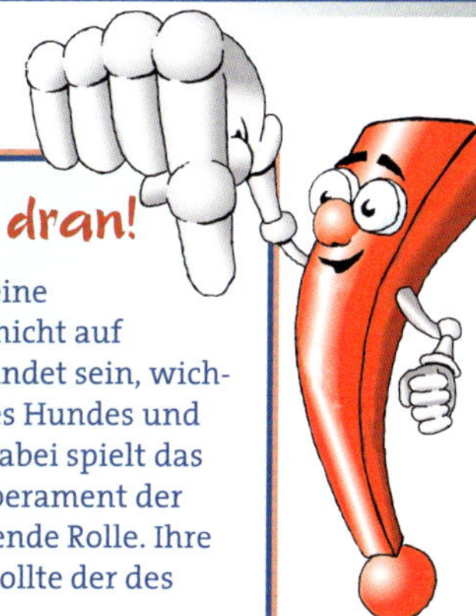

Denken Sie dran!

Die Entscheidung für eine bestimmte Rasse darf nicht auf Äußerlichkeiten begründet sein, wichtig ist der Charakter des Hundes und ob er zu Ihnen passt. Dabei spielt das unterschiedliche Temperament der Rassen eine entscheidende Rolle. Ihre persönliche Aktivität sollte der des Hunds entsprechen.

den ist nicht festzustellen. Dennoch ist der Amstaff ein selbstbewusster Hund, der inzwischen zwar gelassen seine Stärke zur Schau stellt, dennoch einer ernsthaften Herausforderung nicht unbedingt aus dem Weg geht. Es ist bei dieser vielleicht noch wichtiger als bei anderen, die Hunde von klein auf gut zu sozialisieren. Sowohl der Kontakt zu verschiedenen Menschen, als auch speziell zu vielen Hunden ist entscheidend dafür, ob Ihr AmStaff später offen und selbstbewusst oder ängstlich und somit aggressiv auf diese zugehen kann. Wie fatal eine falsche Sozialisation und Erziehung sein kann, zeigen die schrecklichen Attacken von Hunden – wohlgemerkt verschiedenster Rassen – gegenüber Menschen. Aber nicht nur eine falsche Erziehung, auch ein rasseuntypisches Wesen ist Nährboden für solche Unfälle. Stellen Sie sich nur einen ängstlichen, wesensschwachen AmStaff vor, der in einer ihm bedrohlich erscheinenden

Wer seinen Hunden eine so perfekt arrangierte Zwingeranlage bieten kann, muss auch kein schlechtes Gewissen haben, wenn seine Hunde dort einige Stunden am Tag verbringen. Nur die ständige Haltung im Zwinger ist gegen die Natur des Hundes. Foto: Berger

AmStaffs sind sehr sensible und menschenbezogene Hunde. Sie eignen sich absolut nicht für Schutzhundausbildungen. Eine liebevolle, konsequente Grundausbildung ist alles, was diese Hunde benötigen, um sich in einem sozialen Umfeld zu integrieren. Foto: I. Francais

Situation nicht den Mut und Stolz zeigt, der seiner Kraft entsprechen würde. Er wird zum unkontrollierten Beißer gegen Artgenossen und Menschen.

Kommen wir nochmals auf die Menschenbezogenheit und Kinderliebe dieser Rasse zurück. Was angesichts der Kampfhund-Hysterie wie eine Farce wirkt, ist ein elemantarer Wesenszug der Rasse. Sie wollen Ihrem Halter gefallen und die Familie beschützen. Sicher ist dies kein reines Relikt seiner Vergangenheit als „fighting dog", sondern lässt sich auf seine spätere Verwendung als Wachhund auf den Farmen zurückführen. Nichtsdestotrotz ist die Menschenbezogenheit ein Erbe seiner Bull and Terrier-Ahnen.

Es ist gerade diese Menschennähe, die die Ausbildung eines AmStaff einschränkt. Diese Hunde sind, obwohl ihre Erscheinung und ihr Image etwas anderes vermuten lassen, keine Schutzhunde! Die Ausbildung würde ihr Menschenvertrauen zerstören und sie, daher

AmStaffs brauchen viel Bewegung. Bei jedem Wetter! Auch Kälte macht diesen Hunden nichts aus.
Foto: Berger

die Probleme, zu aggressiven, unlenkbaren Hunden machen. Die Präsenz dieses Hundes und sein natürlicher Trieb, seinen Herrn zu schützen, sollten völlig genügen.
Ein AmStaff braucht Beschäftigung und viel Bewegung. Hierfür bieten sich viele Möglichkeiten an. Nicht zuletzt sieht man immer mehr AmStaffs auch auf Agility-Plätzen trainieren. Die Hunde sind intelligent und lernen die Hindernisse schnell kennen. Ihre Lernbereitschaft lässt sich auch auf ihren Willen, ihrem Halter zu gefallen, zurückführen.
Eine kleine Sorge bezüglich des Charakters bleibt leider beim AmStaff. Es ist seine nahe Verwandtschaft zum – von dem AKC und der FCI nicht anerkannten – Pit Bull. Die beiden sind, die Geschichte zeigt es, quasi Brüder. Vom Aussehen her kaum zu unterscheiden, da die Übergänge fließend sind, findet man doch unter den Pit Bulls einige Wesens-Schwächen. Diese Hunde können selbst in erfahrenen Händen wirklich gefährlich werden. Deshalb ist es besonders wichtig, dass Sie dem Züchter vertrauen und Ihren Welpen nur bei einem Verein kaufen, der Mitglied im VDH ist. Momentan wird diese Rasse in Deutschland von drei Vereinen betreut: der „Gesellschaft der Bullterrier-Freunde e. V.“, dem „Deutschen Club für Bullterrier e. V.“ und dem „1. American Staffordshire Terrier Club e. V.“.

Der Körperbau des American Staffordshire Terriers

Wesentlich detaillierter als das Wesen und den Charakter beschreibt der Rassestandard den Körperbau des AmStaffs. Dabei zeichnet der Standard ein Bild des idealen Vertreters der Rasse. Dieser hat nie gelebt und wird vielleicht auch nie geboren, aber wir haben ihn zumindest als schriftliche Blaupause vor uns. Dabei zeichnet der Standard natürlich kein starres Bild, sondern lässt Spielraum für Interpretationen. Jeder Richter, der die Hunde auf Ausstellungen bewertet, hat so sein eigenes Ideal vor Augen. Dies ist sicher der Hauptgrund dafür, dass es niemals den American Staffordshire Terrier geben wird, der von allen Richtern einstimming als Idealbild gesehen wird. Im Folgenden sei der Standard auszugsweise und leicht kommentiert wiedergegeben. Den Originalstandard erhalten Sie bei Interesse von einem der genannten Vereine.
Das Ursprungsland des American Staffordshire Terriers sind die USA, somit ist der unter der Nummer 286 bei der FCI hinterlegte Standard eine Übersetzung des bei dem AKC eingereichten Originals.
Zunächst geht der Standard kurz auf das „Allgemeine Erscheinungsbild“ ein. Darin steht: „Der American Staffordshire Terrier sollte für seine Größe den Eindruck von großer Stärke vermitteln. Er sollte ein solide gebauter Hund sein, der muskulös, aber beweglich und gefällig wirkt. [...] Er sollte untersetzt und gedrungen sein, nicht langbeinig oder leicht gebaut...“ Der AmStaff ist ein elegantes Muskelpaket, das seine Kraft nicht verbirgt, aber dennoch athletisch daherkommt. Der Kopf soll „mittellang und in seiner ganzen Länge tief sein“ mit einem „ausgeprägten Stop und einem breiten Oberschädel“. Für den

Gesichtsschädel fordert der Standard eine ausschließlich schwarze Nase, einen Fang von mittlerer Länge, der an der Unterseite gut abgerundet ist und unterhalb der Augen abrupt abfällt. Die Lefzen liegen an, die Kiefer – ein Scherenbiss wird gefordert – sind kräftig und müssen eine hohe Beißkraft haben. Die Wangenmuskulatur ist sehr ausgeprägt. Der Kopf ist eines der Haupterkennungsmerkmale dieses auch ansonsten auffallenden Hundes. Man muss den Kopf geradezu als mächtig bezeichnen. Die extreme Wangenmuskulatur verleiht dem Schädel zusätzlich Masse. Dennoch darf der Hund niemals kopflastig wirken, vielmehr muss sich der kräftige Kopf in die kräftige Gesamterscheinung einpassen.

Die Augen, mit pigmentierten Augenlidern, sollen dunkel, rund, tief im Schädel gebettet sein und weit auseinander liegen. Glücklicherweise bevorzugt der Standard unkupierte Ohren, wobei er auch kupierte Ohren erlaubt – dem steht in Deutschland jedoch das neue Tierschutzgesetz entgegen.

Der Hals, insgesamt von mittlerer Länge, soll sich von den Schultern zum Genick hin leicht verjüngen, schwer und leicht gebogen sein. Es soll sich an ihm keine lose Haut befinden. Der Hals des AmStaffs muss schon allein deshalb sehr muskulös wirken, um glaubhaft den Eindruck vermitteln zu können, dass er den schweren Kopf tragen kann. Der fließende Übergang von den breiten Schultern erfordert die beschriebene Verjüngung zum Genick.

AmStaffs sind athletische Hunde, die sich für viele Arten von Hundesport eignen. Auch auf dem Agility-Platz fühlen sie sich sichtlich wohl und erwarten die Kommandos ihres Halters. Foto: Berger

Der leicht gebogene Hals unterstreicht die stolze Haltung der Rasse.
Der Körper zeigt in der Oberlinie einen ziemlich kurzen Rücken, der vom Widerrist zur Kruppe leicht abfällt. Die kurze Kruppe verläuft zum Rutenansatz hin leicht schräg. Die Brust ist tief und breit, gut gewölbt und weit nach hinten reichend, mit eng aneinanderliegenden Rippen. Der AmStaff hat eine fast quadratische Körperform, wirkt aber dennoch nicht plump. Der Brustkorb ist breit, aber auf keinen Fall tonnen- oder wurstförmig. Die Rute ist im Verhältnis zum Körper kurz, tief angesetzt und läuft zu einer feinen Spitze aus. Sie ist weder geringelt, noch wird sie über dem Rücken getragen. Die Rute ist unkupiert.
Die Vorderläufe sind gerade und haben starke Knochen. Die Schultern sind kräftig und muskulös, mit weiten, schrägliegenden Schulterblättern. Der Vordermittelfuß ist senkrecht gestellt.
Die Hinterhand ist stark bemuskelt, die Sprunggelenke sitzen tief und sind weder ein- noch auswärts gedreht.
Die Pfoten sind mittelgroß, gut gewölbt und kompakt.
Das Gangwerk muss federnd sein, nicht rollend und kein Paßgang.
Das Haar ist kurz und dicht, soll sich steif anfühlen und glänzen. Jede Farbe, einfarbig, mehrfarbig oder gefleckt, ist zulässig, jedoch soll mehr als 80 Prozent weiß, schwarz mit Brand und leberfarben nicht gefördert werden. Die Einschränkung der zulässigen Farben hat nicht nur ästhetische Gründe. Leberfarbene Hunde gleich welcher Rasse zeigen Pigmentschwächen vor allem an der Nase und den Augen. Wir finden hier oftmals zu helle, beinahe bernsteinfarbene Augen und bräunliche Nasenschwämme. Weiße Hunderassen neigen zudem zur Taubheit.
Die Größe und das Gewicht sollen zueinander in richtiger Proportion stehen. Eine Schulterhöhe von circa 46 bis 48 cm für die Rüden und 43 bis 46 cm für die Hündinnen ist zu bevorzugen.

Die heutige Verwendung des American Staffordshire Terriers

Der moderne American Staffordshire Terrier ist ein idealer Familienhund. Wer sich der Verantwortung bewusst ist, die die Haltung einer in die Schlagzeilen gekommenen Hunderasse mit sich bringt – alles muss etwas korrekter sein als bei allen anderen –, findet einen treuen Freund. Die intelligenten Hunde lernen schnell und betätigen sich gerne an Hundesport aller Art. Die Rasse eignet sich auch für Familien mit Kindern, jedoch sollten diese nicht jünger als drei Jahre sein.
Es sei an dieser Stelle nochmals darauf hingewiesen, dass die Wahl des Züchters bei dieser Rasse sehr wichtig ist. Nur ein reinrassiger AmStaff hat die beschriebenen Eigenschaften und das gelobte Wesen. Jede Mischung, die meist noch junges Kämpferblut in sich trägt, kann fatale Wesensschwächen zeigen, die die Haltung des Hundes in den Bereich der Verantwortungslosigkeit führen.

Sie haben sich für den Kauf eines Hundes entschieden und es soll ein American Staffordshire Terrier sein. Sie können es sicher kaum erwarten, endlich Ihren Hund bei sich zu haben und hätten gerne den Besten der ganzen Welt. Bevor Sie sich jedoch unvorbereitet in eine Beziehung stürzen, die viele Jahre dauern wird, sollten Sie die folgenden Zeilen unbedingt lesen, sich Rat bei befreundeten Hundehaltern und Ihrem American Staffordshire Terrier-Verein holen. Überdenken Sie Ihre Entscheidung nochmals gründlich, denn die Anschaffung eines Hundes sollte keine spontane Entscheidung sein. Sie nehmen ein Lebewesen in Ihre Familie auf und werden die Familie für dieses Lebewesen, Sie werden Jahre Ihres Lebens miteinander verbringen und sollten sich somit auch gegenseitig prüfen. Die Frage ist nicht, ob ein American Staffordshire Terrier zu mir oder ich zu ihm passe, die Frage ist, ob wir zueinander passen.

Voraussetzungen für die Haltung eines American Staffordshire Terriers

Sicher haben Sie sich schon Gedanken über den Kauf eines Hundes gemacht, bevor Sie dieses Buch erworben haben, und genauso sicher ist ein American Staffordshire Terrier für Sie in die engere Wahl gekommen.

Bei der Auswahl eines Hundes dürfen Sie sich zunächst nicht von der äußeren Erscheinung leiten lassen, wichtiger sind der Charakter und die Ansprüche des Hundes und wie Sie diesen gerecht werden können. Über den Charakter des American Staffordshire Terriers konnten Sie im vorangegangenen Kapitel schon einiges lesen, jedoch soll hier noch einmal etwas genauer auf die damit verbundenen Ansprüche dieser Hunde und Ihre Rolle als Besitzer eingegangen werden. Wenn Sie sich einen American Staffordshire Terrier anschaffen, müssen Sie vor allem eines haben: Zeit, sich um ihn kümmern zu können. Zeit ist wichtig, denn Ihr Hund kann einen noch so tollen Garten am Haus, Platz in der Wohnung oder Liebe der ganzen Familie bekommen, wenn er den ganzen Tag alleine ist, kann er sich weder wohlfühlen noch sich zu einem sozialen Mitglied Ihrer Familie, seines Rudels, entwickeln. Aber gerade dies ist bei der Rasse sehr wichtig. Diese stolzen Hunde wollen Ihrem Menschen gefallen, brauchen aber auch eine feste Hand, die sie akzeptieren können und der sie folgen.

American Staffordshire Terrier sind keine Stubenhocker, sie brauchen bei jedem Wetter ihren Auslauf. Aber nicht nur das,

Denken Sie dran!

Bevor Sie sich auf die Suche nach einem Welpen machen, prüfen Sie zunächst sich selbst. Ein Welpenkauf darf niemals spontan, unüberlegt oder sogar auf das Drängen anderer geschehen. Sie verbringen einige Jahre Ihres Lebens mit dem Hund, der Hund sein ganzes Leben mit Ihnen, dieser Verantwortung müssen Sie sich bewusst sein.

Welpen brauchen den Kontakt untereinander ebenso wie den zu der Mutter und dem Menschen. Ein kuscheliges Hundekörbchen ist ihr idealer Zufluchtsort. Foto: Berger

die Rasse will auch beschäftigt werden. American Staffordshire Terrier sind keine Hunde, die allein mit Spazierengehen zufriedenzustellen sind. Es muss Ihnen klar sein, dass jedes Mitglied Ihres Haushalts seinen Beitrag dazu leisten muss, dass sich Ihr Hund bei Ihnen wohl fühlt. Dazu gehört zunächst die Akzeptanz jedes Einzelnen, dass überhaupt ein Hund angeschafft wird, und eine klare Aufgabenteilung unter den Familienmitgliedern – nicht zuletzt die Verantwortung, bei Wind und Wetter mit Ihrem Hund mindestens drei- bis viermal hinaus zu gehen. Denken Sie auch an die Ferienzeiten, denn ab sofort ist da ein weiterer Gast auf Ihren Reisen, der besondere Ansprüche an die Unterkunft und Reisemittel stellt. Nicht jede Unterkunft nimmt Hunde auf, eine lange Fahrt mit dem Auto oder der Bahn will gut geplant sein, Flugreisen verteuern sich um einiges. Nicht zuletzt hat man heute mit vielen Vorurteilen gegenüber der Rasse zu kämpfen. Dies verpflichtet Sie dazu, Ihren Hund noch vorbildlicher zu erziehen, als man das von einem verantwortungsbewussten Hundehalter sowieso erwarten darf. Bedenken Sie dies!

Wieviel Raum benötigen American Staffordshire Terrier?

American Staffordshire Terrier sind keine besonders großen Hunde. Ihnen muss aber klar sein, dass Sie einen Hund nicht in einer kleinen Stadtwohnung halten können. Eine kleinere Wohnung mit Garten ist zwar besser als eine große, in der Ihr Hund den Tag lang bis aufs Gassigehen eingesperrt ist, aber eine

Ideallösung ist es nicht. Bitte lassen Sie Ihren Hund sein Dasein nicht in einem Zwinger fristen, schon gar nicht, wenn Sie nur einen Hund besitzen. American Staffordshire Terrier brauchen den Kontakt zu ihrer Familie. Der Hund wird alleine im Zwinger nicht artgerecht gehalten und kann schwere Verhaltensstörungen zeigen, die von Schreckhaftigkeit bis zu Aggression führen. Der Ausschluss aus seinem Rudel ist für den Hund die schlimmste Strafe! Besitzen Sie mehrere Hunde, so ist gegen einen stundenweisen Aufenthalt im Zwinger nichts einzuwenden, wenn Sie ihn ausreichend groß und nicht nur innerhalb der gesetzlich vorgeschriebenen Mindestmaße bauen. So sollte ein Zwinger für zwei American Staffordshire Terrier mindestens 20 qm Fläche besitzen, einen schattigen Bereich und eine Hütte. Haben Sie einen Garten, dann kann Ihnen sogar zu einer Zwingeranlage geraten werden, denn es ist eine gute Möglichkeit für Ihren Hund auch bei schlechtem Wetter einige Stunden alleine im Freien zu verbringen. Die Zwingerhaltung darf nur nicht aus Bequemlichkeit zur Gewohnheit werden und nur für kurze Zeit am Tag eine Alternative für einen gemeinsamen Aufenthalt im Freien darstellen.

Ihr Haus oder Ihre Wohnung müssen Ihrem Hund offenstehen. Natürlich kann es den einen oder anderen Raum geben, den der Hund nicht betreten darf, doch kann es nicht sein, dass letztendlich der Flur als einzig ständiger Aufenthaltsort für ihn übrig bleibt. Seinen Schlafplatz braucht der Hund genauso wie seinen Futterplatz, beide bitte nicht in Heizungsnähe und möglichst am einem kühleren Ort.

Werden die Tiere frühzeitig aneinander gewöhnt, ist auch das Zusammenleben von AmStaff und Katze völlig unproblematisch – es können sich sogar wahre Freundschaften entwickeln. Foto: Berger

Überlegungen vor dem Kauf

Das kurze Fell der American Staffordshire Terrier haart nicht sehr stark, dennoch sollten Sie sich darauf einstellen, die Wohnung nun häufiger putzen zu müssen. Zwangsläufig wird er auch Schmutz mit in die Wohnung bringen, besonders bei schlechtem Wetter. Dafür kann Ihr Hund nichts, daran kann er nichts ändern und Sie müssen sich darüber im Klaren sein.

Rein rechtlich müssen Sie als Mieter die Hundehaltung mit Ihrem Vermieter besprechen, wenn nicht schon im Mietvertrag eindeutige Vereinbarungen zur Haltung stehen.

Mit einem American Staffordshire Terrier haben Sie sich für einen mittelgroßen Hund entschieden, der trotz aller Sanftmut und Willen zu gefallen eine konsequente Erziehung braucht, was manchen Menschen schon einen gewissen Mut abverlangt. Überlegen Sie sich lieber vor dem Kauf, ob Sie sich dieser Aufgabe stellen wollen. Wer sich diesem Hund nicht gewachsen fühlt, der sollte es lieber lassen.

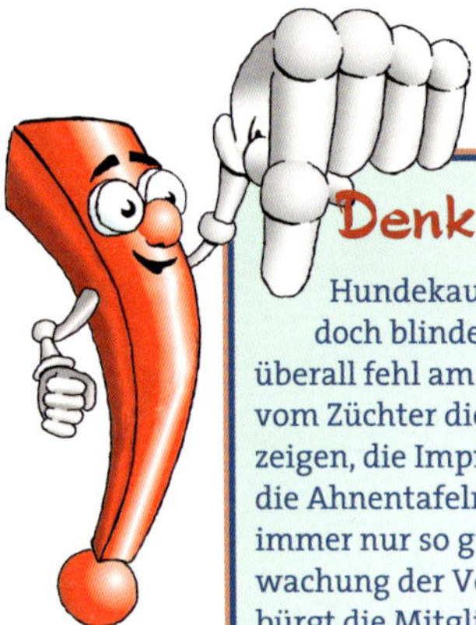

Denken Sie dran!

Hundekauf ist Vertrauenssache, doch blindes Vertrauen ist hier wie überall fehl am Platz. Lassen Sie sich vom Züchter die Papiere seiner Hunde zeigen, die Impfpässe der Welpen und die Ahnentafeln. Eine Hundezucht ist immer nur so gut, wie die Zuchtüberwachung der Vereine. In Deutschland bürgt die Mitgliedschaft im VDH dafür, dass die Hunde nach bestem Wissen gezüchtet werden und kein „Hundevermehrer" eine Chance hat, seine Profitgier zu befriedigen.

Neben allen räumlichen und zeitlichen Ansprüchen, die Ihr Hund hat, wird er Sie auch Geld kosten. Was so banal klingt, wird schnell wesentlich, wenn durch unvorhersehbare Erkrankungen oder Unfälle plötzlich Tierarztkosten anstehen, die auch schnell einige hundert Euro betragen können. Aber auch im Normalfall fallen Tierarztkosten für Impfungen und Routineuntersuchungen an, das Futter will bezahlt werden und die Gemeinden und Städte verlangen teilweise nicht unerhebliche Hundesteuern. Da Sie laut BGB für alle Schäden haften, die Ihr Hund verursacht, sollten Sie sich Gedanken über den Abschluss einer erweiterten Haftpflichtversicherung – einer sogenannten Hundehalterhaftpflicht – machen, die für diese Schäden aufkommt. Als Größenordnung für die Futter- und planmäßigen Tierarztkosten veranschlagen Sie zwischen 70 und 120 Euro im Monat, je nach Alter und Größe Ihres American Staffordshire Terriers.

American Staffordshire Terrier sind ideale Familienhunde, auch allein gehalten und auch für Familien mit kleineren Kindern. Aber auch der gutmütigste Hund kann beängstigend auf ein kleines Kind wirken! Bringen Sie die beiden einander vorsichtig näher und lassen Sie sie nie ohne Aufsicht zusammen spielen, denn Kinder können auf die verrücktesten Ideen kommen! Hunde akzeptieren dabei die höhere Rangstellung des Kindes nicht immer.

Welchen Charakter haben Sie? American Staffordshire Terrier sind agile, kräftige Hunde. Sie brauchen eine liebevolle, aber auch entschiedene Führung. Gleichzeitig sind sie verschmust und sehr menschenbezogen. Sie sind intelligent, leicht erziehbar und wollen ihrem Halter gefallen. Passt so ein Hund zu Ihnen?

Hündin oder Rüde?

Die Entscheidung zwischen einem Rüden und einer Hündin stellt Sie vor allem dann vor Probleme, wenn Sie bereits Hunde besitzen. Zwei Rüden können unweigerlich in Rangordnungskämpfe verfallen, ein Rüde und eine Hündin müssen während der Läufigkeit getrennt werden, die beste Wahl stellen hier noch zwei Hündinnen dar. Ansonsten entscheiden Sie sich bei einem Rüden für den etwas größeren und massigeren

Hund, der während der Läufigkeit seiner Liebsten aus der Nachbarschaft so manchen Abend heulend an der Tür verbringen kann. Bei einer Hündin haben Sie Probleme während ihrer Läufigkeit, wenn Sie nämlich zur Verfolgten aller Rüden der Nachbarschaft wird. Rein von der Sauberkeit her merken Sie anfangs die Hitze Ihrer Hündin gar nicht, denn die Tiere halten sich selbst sehr sauber. Vom Wesen her kann ein zarter Rüde durchaus anhänglicher sein als eine dominante Hündin und die Vorhersage, dass alle

Welpe oder ausgewachsener Hund?

Eine weitere Entscheidung, die von Ihnen getroffen werden muss, ist, ob Sie sich einen Welpen oder einen ausgewachsenen Hund anschaffen. Für einen Welpen spricht einiges, gerade wenn es Ihr erster Hund ist. Sie erleben jeden Lebensabschnitt mit Ihrem Hund gemeinsam und können die Erziehung selbst in die Hand nehmen. Besorgen Sie sich einen ausgewachsenen Hund, wissen Sie nicht immer, wie er aufge-

Könnten Sie sich auf Anhieb für einen dieser niedlichen Welpen entscheiden? Wenn Sie einen Welpen kaufen möchten, fragen Sie am besten den Züchter, welchen er für Sie am geeignetsten hält, denn er kennt seine Hunde am besten.
Foto: Berger

Hündinnen lieber und zärtlicher sind als die meist dominierenden und schwierigeren Rüden, stimmt in beiden Richtungen nicht. Die Hündinnen sind in ihrer Erscheinung die zarteren Hunde und zeigen deutlich feminine Züge im Körperbau und der Kopfform.

wachsen ist und aus welchen Verhältnissen er kommt. Fehler, die bei der Aufzucht und Erziehung gemacht wurden, können nun nur noch schwer und oft nur mit viel Aufwand korrigiert werden. Andererseits können Sie auch Glück haben und erwerben einen bestens erzogenen American Staffordshire Terrier, der Ihnen einige Vorteile bieten kann. Zum Beispiel können Sie einem Welpen nicht alle Erkrankungen sofort ansehen, Verhaltensstörungen können sich erst spät zeigen, auch Störungen im Knochen- und Gelenkaufbau – allen voran die HD – zeigen sich erst beim ausgewachsenen Hund. Dies sind ein paar gute Gründe, auch über den Erwerb eines erwachsenen Hundes nachzudenken. Gerade wenn Sie die Ambition haben, mit dem Hund zu züchten, haben Sie hier das Risiko, zuchtausschließende Mängel beim Welpen nicht erkannt zu haben, ausgeschlossen.

Wo kaufe ich meinen Hund?

Haben Sie sich für einen American Staffordshire Terrier entschieden, wollen Sie einen gesunden Hund aus vertrauenswürdigen Händen. Bei der Suche nach dem perfekten Hund wenden Sie sich am besten direkt an einen der Vereine, die den American Staffordshire Terrier betreuen, oder greifen auf die Empfehlungen von Freunden und Bekannten zurück, die selbst einen gesunden Hund erworben haben. Generell kann man keine Standardempfehlung geben, wo und bei wem Sie Ihren Hund am besten kaufen, denn es ist zu einfach zu sagen, dass Sie bei einem Züchter generell den gesündesten Hund erwerben. Es ist immer eine Frage, wie die Hunde gehalten und behandelt werden. Nach der allgemeinen Erfahrung in Deutschland kann Ihnen an dieser Stelle nur dazu geraten werden, Ihren American Staffordshire Terrier bei einem privaten Züchter zu kaufen, der Mitglied in einem dem VHD angeschlossenen Verein ist. Die Auswahl eines seriösen Züchters ist bei einer Rasse, die durch verantwortungslose Halter, aber auch durch unseriöse Züchter in Verruf geraten ist, besonders wichtig. Nur hier erhalten Sie wesensfeste AmStaffs, die alle positiven Eigenschaften in sich vereinen. In Deutschland gibt es zur Zeit drei Vereine, die „Gesellschaft der Bullterrier-

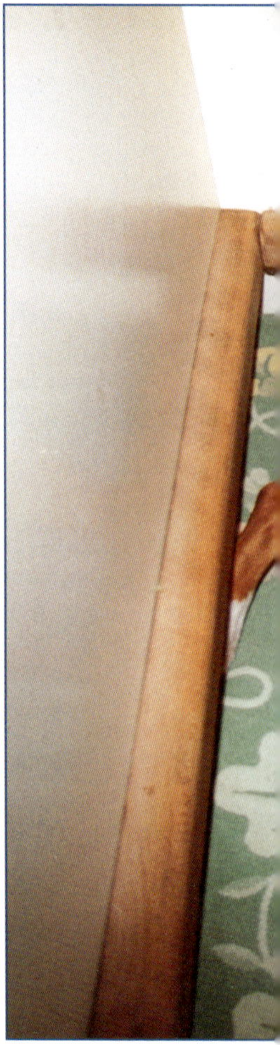

Denken Sie dran!

Sehen Sie sich vorm Welpenkauf verschiedene Züchter an und vergleichen Sie. Lassen Sie sich auch die Mutter der Welpen zeigen und kontrollieren Sie ihren Gesundheitszustand. Die Welpen selbst sollten sich durch Neugier und Verspieltheit auszeichnen. Das Fell sollte glänzen, die Augen sind klar und die Ohren frei von Parasiten.

Wenn Sie den Züchter besuchen, lassen Sie sich alle Bereiche der Hundehaltung und -aufzucht zeigen. An der Sauberkeit der Anlage und dem Gesundheitszustand der Mutterhündin können Sie sehr gut erkennen, wie verantwortungbewusst der Züchter ist.
Foto: Berger

Freunde e. V.", den „Deutschen Club für Bullterrier e. V." und den „1. American Staffordshire Terrier Club e. V."
Die Welpenvermittlung der Vereine weiß, welche Züchter gerade Welpen besitzen, welche Züchter gerade Würfe planen, und können Ihnen die Adressen geben. Da die Nachfrage nach Welpen oftmals größer ist als das Angebot, ist es sinnvoller, nach den geplanten Würfen zu fragen, die in der Deckliste veröffentlicht werden. Sie können so schon vor der Geburt der Welpen Kontakt mit dem Züchter aufnehmen, mit ihm die Anschaffung besprechen und sich umfassend beraten lassen. Schauen Sie sich

verschiedene Zwinger an und vergleichen Sie. Kaufen Sie nicht den erstbesten Welpen beim erstbesten Züchter, sondern prüfen Sie genau, auch wenn der Welpe noch so niedlich und der Züchter noch so nett ist, ob auch wirklich alles mit dem Hund und der Pflege beim Züchter in Ordnung ist.

Um den Züchter einschätzen zu können, sollten Sie wissen, dass die Hundezucht mehr ein Hobby als eine Erwerbsquelle ist. Die Hundezucht bringt kaum genug Geld ein, um die laufenden Kosten zu tragen, schon gar nicht, wenn bei einem Wurf unerwartete Komplikationen und somit zusätzliche Tierarztkosten auftreten. Schon alleine die Papiere, die für diese Rassehunde ausgestellt werden müssen, die notwendigen Impfungen, die Aufzucht der Welpen, die Deckgebühren und die Untersuchungen des Muttertiers kosten bei einem durchschnittlichen Wurf pro Welpe schnell über 500 Euro! Sie müssen deshalb stutzig werden, wenn die Zucht einen kommerziellen Anstrich hat und mehrere Würfe gleichzeitig großgezogen werden, am besten noch von unterschiedlichen Rassen. Achten Sie unbedingt auf die Sauberkeit beim Züchter, die Sie vor allem an den Futter- und Schlafplätzen der Hunde beurteilen können. Die Nähe zum Menschen ist für ein späteres Zusammenleben Hund-Mensch von Anfang an von entscheidender Bedeutung. Die Welpen müssen von der ersten Minute an den Kontakt zum Menschen gewohnt sein, eine reine Zwingerhaltung verbietet sich somit von selbst. Ideal und wünschenswert ist das Zusammenleben im Haus, wobei Sie auch hier die Räumlichkeiten besichtigen sollten. Ein Keller ist eben doch nur ein Keller, es sei denn, er ist angemessen ausgebaut und isoliert die Hunde nicht von den Räumen für die Menschen.

Aufschlussreich ist auch das Verhalten des Züchters während Ihrer ersten Kontakte. Ein seriöser Züchter sieht in seinen Welpen schon fast eigene Kinder. Ein Welpenkauf ist für ihn mit einer Adoption vergleichbar. Nach diesen Kriterien verlaufen die ersten Unterredungen, in denen der Züchter alles über Sie herausfinden will, was er wissen muss, um im Gegenzug auch Ihre Seriosität und Eignung als Hundehalter beurteilen zu können. Er wird Sie weder zu einer Entscheidung drängen noch versuchen, Sie im Zweifelsfall zum Kauf zu überreden. Er wird Verständnis dafür haben, dass Sie sich noch bei anderen Züchtern umschauen wollen, und keine Taschenspielertricks der Sorte „Es ist der beste Welpe, den ich je hatte“, „Alle anderen sind schon reserviert“ oder „Nachher kommt noch ein Interessent“ versuchen, denn das hat ein seriöser Züchter nicht nötig. Bei allem Edelmut, der den Züchtern unterstellt sein soll, dürfen Sie nicht vergessen, dass ihm auch die genannten Kosten entstehen, die gedeckt sein wollen. Für einen American Staffordshire Terrier-Welpen ohne zuchtausschließende Merkmale zahlen Sie derzeit 800 bis 1200 Euro. Sollte schon der Welpe zuchtausschließende Merkmale tragen, die allerdings die Gesundheit nicht beeinflussen, so wird der Züchter mit seiner Forderung sicher unter diesen Preisen liegen. Verbindliche Preisvorschriften gibt es jedoch nicht und so ist der Preis für Ihren Hund letztendlich reine Verhandlungssache zwischen Ihnen und dem Züchter.

Medizinische Untersuchung der Welpen

Die Vereine schreiben eine medizinische Untersuchung und Vollimpfung der Welpen nach acht Wochen vor. Rassehunde werden in eine Ahnentafel eingetragen, die Ihnen Aufschluss über die Herkunft der Elterntiere nebst Groß- und Urgroßeltern gibt. Die Welpen werden erst nach Beendigung aller Untersuchungen und dem Nachweis aller Impfungen in diese Ahnentafel eingetragen. Der Züchter wird Ihnen gerne Einblick in die Ahnentafel und auch in das Zuchtbuch des Vereins mit allen Informationen über die Elternhunde geben. Hierbei ist eine Erkenntnis für Sie elementar wichtig: Die Papiere zu Ihrem Hund sind nur so gut wie der Verein, der sie ausstellt. Der Verein wiederum kann nur so gut sein wie seine Zuchtüberwachung. In Deutschland können Sie mit einer Satzung und entsprechender Mitgliederzahl einen Verein gründen und natürlich auch Hunde züchten. Keiner überprüft Sie, sie müssen nur den Auflagen der Tierschutzgesetze genügen und Sie können die tollsten Papiere der Welt ausstellen. Dies nützt Ihnen aber nur wenig, wenn sich der Champion aller Klassen als das ärmliche Produkt einer Profitzucht ent-

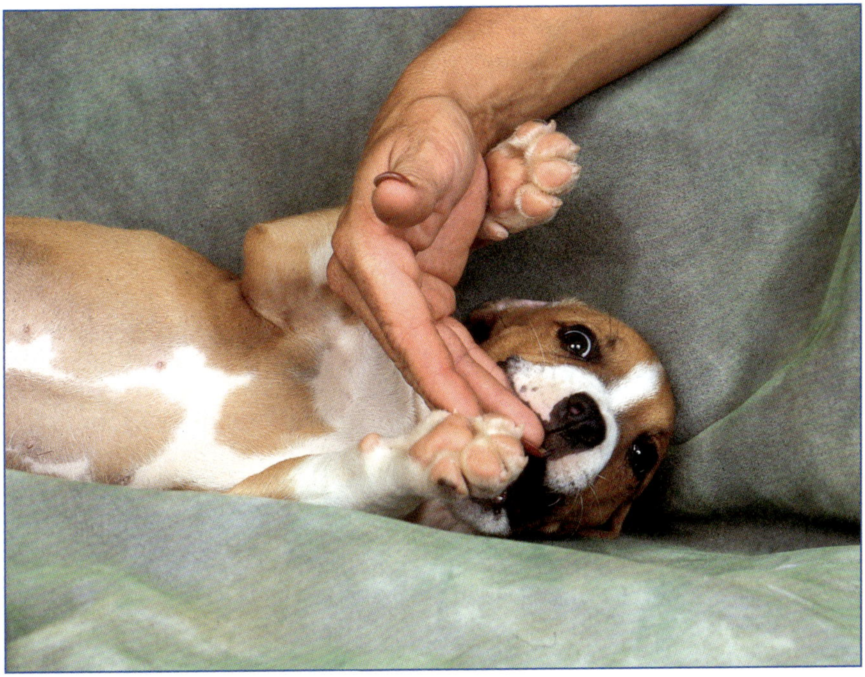

Schauen Sie sich den Welpen, den Sie erwerben möchten, genau an. Seine Augen müssen klar und ohne Ausfluss sein. Auch seine Ohren und seine Nase müssen sauber und frei von Flüssigkeiten oder unangenehmen Gerüchen sein. Foto: I. Francais puppt. Nicht Papiere zu besitzen ist wichtig, sondern zu wissen, wer mit seinem Namen dafür steht. In Deutschland sind dies die Mitgliedsvereine des VDH. Leider sind nicht alle Leiden, die zu einem Zuchtausschluss oder späteren Erkrankungen führen, schon beim Welpen erkennbar, gerade über die Hüftgelenksdysplasie (HD) können trotz moderner medizinischer Methoden im Welpenalter von acht Wochen kaum Vorhersagen gemacht werden, eine endgültige Diagnose ist erst ab einem Alter von zwölf bis achtzehn Monaten verlässlich. Nicht selten vereinbaren die Züchter auch aus eigenem Interesse eine Kostenübernahme oder zumindest -beteiligung an einer HD-Röntgenuntersuchung des erwachsenen Hundes nach zwölf Monaten schon im Kaufvertrag.

Spielen Sie mit den Welpen und achten dabei genau auf deren Verhalten. Sie sollten weder zu schüchtern noch aggressiv sein, sondern interessiert an Ihnen und dem Spiel sein. Foto: I. Francais

Insgesamt sind American Staffordshire Terrier gesunde, wenig anfällige Hunde, an denen Sie Ihre Freude haben werden.

Verhaltenstests und Allgemeinbild

Bisher wurde Ihnen viel über die Auswahl des Züchters erzählt und Sie erhielten Tipps, um die Gesundheit des Welpen einzuschätzen. Ganz wichtige Punkte bei der Auswahl des Welpen sind aber noch unerwähnt geblieben: ein paar einfache Verhaltenstests und eine abschließende Beurteilung des allgemeinen Zustands des Welpen. Gerade im Verhalten können sich sehr gravierende Mängel zeigen, die von Ängstlichkeit bis Aggressivität die gesamte Palette an Fehlverhalten abdecken. Hierfür kann es sowohl genetisch bedingte Ursachen geben, der Grund kann auch ein falscher Umgang mit den Welpen in den ersten Wochen sein. Diese Fehler sind in der späteren Entwicklung nur mit sehr viel Aufwand zu beseitigen und auch manch erfahrener Hundehalter hatte seine Probleme damit. Wenn Sie einen American Staffordshire Terrier anschaffen, dürfen Sie auf diesem Gebiet keine Experimente wagen. Verhaltensfehler sind sehr ernst zu nehmen und werden auch als zuchtausschließend beurteilt. Ängstliche Hunde stellen dabei genauso eine Gefahr dar wie aggressive. Beide werden in Stresssituationen nicht die Ausgeglichenheit haben, um ruhig reagieren zu können.

Um das Verhalten des Welpen zu beurteilen, beobachten Sie den Welpen zunächst völlig ungestört bei seiner Familie. Achten Sie auf sein Sozialverhalten und eventuelle Auffälligkeiten in seinen Reaktionen. Anzeichen für ein gestörtes Verhalten sind übermäßige Unterwürfigkeit und Angst, ein zu dominantes und hyperaktives Verhalten oder auch eine übermäßige Aggressivität im Spiel. All dies sind zunächst auffällige Verhaltensweisen, die Ihre Aufmerksamkeit erwecken müssen. Testen Sie den oder die ausgewählten Welpen nun alleine, außerhalb der Sichtweite der Hundefamilie und spielen mit ihm. Schauen Sie auch hier genau hin, ob sich der Welpe schüchtern, aggressiv oder unsicher verhält. Welpen sind allgemein neugierig und so sollte ein gesunder Welpe nach einem kurzen Schreck oder anfänglicher Unsicherheit, die ganz normal ist, schon bald wieder mit Ihnen spielen und Interesse an der neuen Situation zeigen. Hiernach beschäftigen Sie sich intensiver mit dem Hund, fassen ihn einmal an, nehmen ihn auf den Arm, halten ihn kurz an Maul und Beinen fest, um seine Reaktionen auf diese eher ungewohnten und nicht mehr rein spielerischen Reize zu untersuchen. Anzeichen für Störungen im Verhalten sind auch hier eine leichte Erregbarkeit, starke Unterwürfigkeit, Angst und gerade bei den letzten Tests eine niedrige Schmerzschwelle.

All diese Tests und Beobachtungen sollen Hinweise sein und können keine 100%ige Sicherheit in beide Richtungen geben. Dennoch werden Sie mit Ihren genauen Beobachtungen mit Sicherheit einen gesünderen Welpen finden als bei einem Spontankauf ohne Vorbereitung und der Möglichkeit zur Auswahl.

Noch einmal zusammengefasst:
Kaufen Sie Ihren American Staffordshire Terrier nicht beim erstbesten Züchter, lassen Sie sich von Ihrem Verein eine Liste der bekannten und empfohlenen Züchter geben und vergleichen Sie verschiedene Züchter miteinander. Werden Sie misstrauisch bei Züchtern, die Ihnen einen Welpen aufschwatzen wollen und Sie bei der Kaufentscheidung unter Druck setzen. Lassen Sie sich immer das Muttertier zeigen und gehen Sie nach dem Kauf alsbald mit dem Welpen zu einem Routinecheck zu einem Tierarzt. Beachten Sie all diese Hinweise, wird Ihrem Glück mit Ihrem American Staffordshire Terrier nichts im Wege stehen.

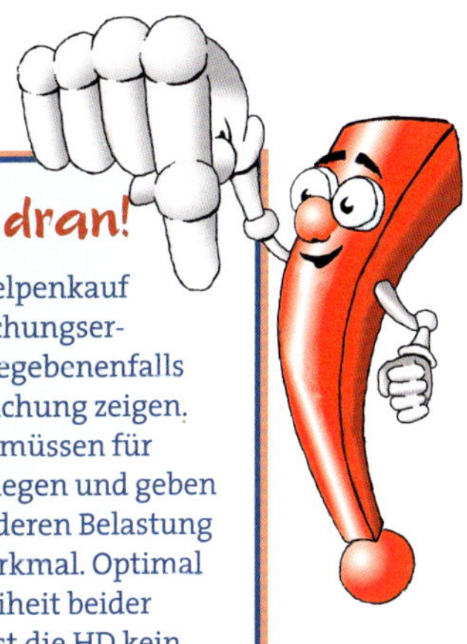

Denken Sie dran!

Lassen Sie sich beim Welpenkauf unbedingt die Untersuchungsergebnisse der HD- und gegebenenfalls der ED-Röntgenuntersuchung zeigen. Diese Untersuchungen müssen für beide Elternhunde vorliegen und geben Ihnen Aufschluss über deren Belastung mit dem jeweiligen Merkmal. Optimal ist eine HD- und ED-Freiheit beider Hunde. Beim AmStaff ist die HD kein besonders häufiges Problem, und es sollte für Sie kein Problem sein, einen gesunden Hund zu erwerben.

Deutscher Club für Bullterrier e. V.
www.dcbt.de

Gesellschaft der Bullterrier-Freunde e. V.
Georg-Zorn-Str. 32
90765 Fürth
www.gb-f.de

1. American Staffordshire Terrier Club e. V.
www.1astc.de

Verband für das Deutsche Hundewesen e. V. (VDH)
Westfalendamm 174
44141 Dortmund 1
www.vdh.de

Deutscher Tierschutzbund
Baumschulallee 15
53115 Bonn
www.tierschutzbund.de

Fédération Cynologique Internationale (FCI)
13 Place Albert I
B–6530 Thuin/Belgien
www.fci.be

Österreichischer Kynologenverband
Siegfried-Marcus-Str. 7
A–2362 Biedermannsdorf
www.oekv.at

Schweizerische Kynologische Gesellschaft
www.hundweb.org

Die richtige Ernährung Ihres American Staffordshire Terriers ist die Grundlage für sein gesundes Wachstum in der Jugend, seine Aktivität und Fitness im erwachsenen Alter und eine Versicherung dagegen, im fortgeschrittenen Alter krank und träge zu werden. Leider wird dieses wichtige Thema zu oft aus falscher Profilierungssucht und Unverständnis mehr zerredet als konstruktiv besprochen. Nur um das Thema Ernährung nicht weiter aufzubauschen: Es bedarf weder eines umfangreichen Fachwissens noch einer ganzen Wissenschaft, um einen Hund gesund zu ernähren. Im Grunde geht es nur darum, dass Sie die Ansprüche der Rasse kennen, verstehen, wo die Rasse ihren Ursprung hat und welche Rolle die Ernährung im Leben Ihres Hundes spielt.

Sie werden dementsprechend in diesem Kapitel weder eine tagesgenaue Verpflegung finden, noch genaue Angaben zur Futtermenge, denn die optimale Versorgung ist eine sehr individuelle, auf die Bedürfnisse Ihres Hundes abgestimmte Angelegenheit. Genau hier liegt aber auch die größte Verunsicherung der Halter. Wieviel füttere ich meinem Hund? Welche Zusammensetzung muss das Futter haben? Sollte ich lieber Frisch- oder Fertigfutter verwenden? Dies sind die Fragen, die zu Anfang am häufigsten gestellt werden. Doch zunächst etwas Grundsätzliches zur Ernährung des American Staffordshire Terrier.

Grundsätzliches zur Ernährung des American Staffordshire Terriers

Heute soll sich kein Hund mehr von Essensresten oder selbst erbeuteten Kleinnagern ernähren, wie dies bei den Ahnen des American Staffordshire Terrier durchaus üblich war. Dennoch ist es durchaus vertretbar und dient der Abwechslung, wenn Sie hier und da vorgekochtes Gemüse oder Obst zufüttern. Das Fertigfutter ist im Lauf der Jahre immer besser geworden und stellt heute eine einfache, unkomplizierte und sichere Alternative zur eigenen Futterherstellung dar. Lassen Sie sich durch die vielen unterschiedlichen Aussagen zur richtigen Ernährung nicht verunsichern. Wenn Sie heute zehn

Welpen stellen besondere Ansprüche an die Ernährung. Vertrauen Sie den Fertigprodukte der renommierten Hersteller. Foto: Berger

Züchter danach fragen, was sie ihren Hunden geben, dann erhalten Sie mindestens ebenso viele Antworten, die von Fertigfutter bis selbstzubereiteten Mahlzeiten die gesamte Palette beinhalten. Statt gezielte Vorschriften zu befolgen, halten Sie sich lieber an die allgemeinen Ratschläge auf den nächsten Seiten, denn grundsätzliche Regeln zur Fütterung müssen Sie auf jeden Fall beachten.

Den ganzen Tag über gehört frisches Wasser an den Futterplatz, Futterreste müssen nach den Mahlzeiten unbedingt entfernt und der Futterplatz peinlich sauber gehalten werden. Das Futter selbst muss Zimmertemperatur haben. In seinen wilden Ursprüngen hat der Hund seine Beutetiere auch bei Umgebungstemperatur gefressen. Obwohl der Hund als Fleischfresser gilt, hat er seine tierischen Opfer, meist kleinere, pflanzenfressende Säugetiere, samt aller Eingeweide gefressen und somit vorverdaute, pflanzliche Nahrung aufgenommen. So füttern Sie auch heute

Denken Sie dran!

Teuer bedeutet nicht gleichzeitig gut. Bei der Auswahl des Futters sollten Sie sich nicht durch Werbeversprechen oder den Preis leiten lassen. Achten Sie darauf, dass das Futter den Bedürfnissen Ihres Hundes gerecht wird und er es verträgt. Dabei ist Abwechslung wichtig, um die Gewöhnung an nur ein Futter zu vermeiden.

Damit diese drei selbstbewussten Welpen zu kräftigen, gesunden Hunden heranwachsen können, müssen Sie auch bei der Ernährung einige Regeln beachten.
Foto: I. Francais

noch einen gesunden Mix aus tierischer und pflanzlicher Nahrung. Vor und nach den Mahlzeiten müssen Sie Ihrem American Staffordshire Terrier etwas Ruhe gönnen, ideal wäre je eine Stunde. Vor dem Fressen ist dies wichtig, damit der Hund nicht zu hastig frisst, Luft verschluckt und Blähungen entwickelt – nach dem Essen soll der Organismus einige Zeit für eine gesunde Verdauung bekommen.

Selbst zubereiten oder Fertigfutter?

Sie müssen Ihrem Hund eine ausgewogene Kost anbieten, die alle Nährstoffe, Vitamine und Mineralstoffe enthält, die er braucht. Hierbei hat sich in den letzten Jahren zunehmend das Fertigfutter als einfache und sichere Art erwiesen, dies zu erreichen. Gegen das alleinige Verfüttern von Fertigprodukten spricht prinzipiell nichts, wenn Sie wissen, worauf Sie achten müssen.

Fertigfutter erhalten Sie derzeit als Feuchtfutter in Dosen, als Halbfeuchtfutter meist in Plastik- oder Alubeuteln und als Trockenfutter, nicht zu verwechseln mit den ebenfalls trockenen Beimixern. Die verbreitetsten Fertigfutter sind Trockenfutter und Feuchtfutter in der Dose. Beide stellen Alleinfutter dar und sind vom Hersteller so konzipiert, dass sie als Hauptfutter den Bedürfnissen Ihres Hundes gerecht werden. Gleiches gilt für die halbfeuchten Futter, die preislich am höchsten liegen und zur Bewahrung ihrer Konsistenz einen recht hohen Zuckeranteil aufweisen. Bei den billigeren Dosenfuttern müssen Sie besonders auf den meist sehr hohen Fettanteil achten. Trockenfutter ist am längsten haltbar und unkompliziert zu verfüttern. Da es kaum Wasser enthält, wird Ihr Hund etwas mehr trinken.

Alle Fertigfutter sind als Nahrungskonzentrate zu verstehen, denen vor allem wichtige Ballaststoffe fehlen. Sie sollten das Futter deshalb unbedingt mit Ballaststoffen anreichern. Diese werden zum einen in fertigen Mixern angeboten, können aber auch in Form von eingeweichten oder vorgekochten Feldfrüchten oder Getreide, zum Beispiel Vollkornreis, gefüttert werden. Gerade Dosenfutter mit einem hohen Wasser- und Fettanteil muss auf diese Weise aufgewertet werden. Lesen Sie sich die Inhaltsangaben des Futters gut durch. Das Futter muss den Bedürfnissen Ihres Hundes und seinem Alter entsprechen. Manche Hersteller verschweigen die genaue Zusammensetzung ihres Futters und geben nur für die wertvollen Inhaltsstoffe eine Prozentangabe an. „Füllstoffe", wie bei Dosenfutter ein hoher Wasser- oder Fettanteil, werden verschwiegen. Auf dem Futter muss sich eine Angabe finden, wieviel Futter pro Kilo Hundegewicht empfohlen wird. Einige Futter basieren auf einem hohen Soja-Anteil, auf den manche Hunde allergisch reagieren. Inzwischen werden spezielle Futter für Welpen und Senior-Hunde angeboten, die den unterschiedlichen Ansprüchen der einzelnen Lebensabschnitte gerecht werden sollen. Welches Futter Ihr American Staffordshire Terrier am besten verträgt, ist dennoch eine Frage des Ausprobierens. Ansonsten gilt auch beim Verfüttern von Fertigfutter: Achten Sie auf Abwechslung, variieren Sie

Verteilen Sie das Futter für mehere Welpen besser auf individuelle Futternäpfe. So haben Sie eine bessere Kontrolle darüber, wie viel jeder einzelne Hund wirklich frisst.
Foto: I. Francais

den Hersteller und die Sorten. Bereiten Sie ruhig die eine oder andere Mahlzeit selbst zu. Nur so vermeiden Sie, dass sich Ihr Hund an ein Futter gewöhnt. Sollte es einmal zu Unverträglichkeiten, Allergien oder einer krankheitsbedingten Futterumstellung kommen, wird dieser Futterwechsel, der auch bei einem gesunden, aber an ein spezielles Futter gewöhnten Hund Schwierigkeiten bei der Verdauung mit sich bringen kann, den Organismus des kranken Hundes zusätzlich schwächen.

Wenn Sie einmal Mahlzeiten selbst zubereiten, achten Sie bitte auf die Zusammensetzung und Menge.

Was darf ich füttern, was nicht?

Sie dürfen einige Nahrungsmittel auf keinen Fall an Ihren American Staffordshire Terrier verfüttern. Dazu zählen alle Arten Knochen, die splittern und zu schweren inneren Verletzungen oder Verstopfung führen können, rohes Fleisch jeder Herkunft, sämtliche gewürzte Nahrungsmittel und Süßigkeiten. Gerade im rohen Schweinefleisch können eine Vielzahl von Viren, Bakterien und Parasiten leben, die durch Kochen leicht abgetötet werden, ansonsten für Ihren Hund eine lebensbedrohliche Gefahr darstellen können. Das Verfüttern von Knochen ist immer wieder Grundlage für heiße Diskussionen. Die wildlebenden Vorfahren unserer Haushunde haben selbstverständlich die Knochen ihrer Beutetiere gefressen, doch hatten sie auch gänzlich andere Fressgewohnheiten. Vom Beutetier wurden zunächst die Muskeln und Eingeweide, erst zuletzt die Knochen gefressen. Magen und Darm sind schon gefüllt, wenn die Knochen gefressen werden, die Hunde sind schon gesättigt und fressen nicht mehr so gierig. Die Knochensplitter können den Magen- und Darmwänden nicht mehr oder kaum gefährlich werden. Dies ist bei unseren Hunden heutzutage etwas anders. Ihr Hund wird sich nicht den Magen für drei Tage vollschlagen und Knochen werden eher hastig gefressen. Deshalb beugen Sie den Gefahren innerer Verletzungen vor, indem Sie nur spezielle Kauknochen, Schweineohren, Ochsenziemer oder Rinderhufe verfüttern. Experimentieren Sie ein wenig mit Obst oder Gemüse, wobei Kohl wie beim Menschen zu Blähungen führt und deshalb ebenso vermieden werden muss wie die meist schwer im Magen liegenden Pilze. Gemüse müssen Sie immer vorkochen, da der Hund es von Natur aus roh nicht gut verdauen kann. Eine weitere Abwechslung ist das Verfüttern von Fisch. Wenn Sie oft lesen, dass Tischabfälle nicht als Hundefutter geeignet sind, dann ist dies nur teilweise richtig. Die Kritik geht vor allem gegen die meist reichlichen Gewürze, und aus erzieherischen Maßnahmen gegen das Füttern am Tisch. Sie können Ihrem Hund durchaus die übriggebliebenen Kartoffeln, den Reis oder auch Fleisch- und Fischreste zufüttern, dagegen spricht absolut nichts.

Denken Sie dran!

Auch wenn Welpen bei der Futterwahl besondere Ansprüche stellen, lassen Sie sich nicht zu besonderen Leistungsfuttern hinreißen. Durch einen zu hohen Proteingehalt beschleunigen diese das Wachstum nur unnatürlich. Normal für eine gesunde Welpenkost ist ein Proteinanteil von maximal 25 Prozent.

Futteransprüche beim Welpen

Die Futteransprüche des Welpen sind besonders hoch. In den ersten Wochen und Monaten sind die kleinen American Staffordshire Terrier in einer extremen Wachstumsphase, in der sich jede falsche Ernährung besonders negativ auf den gesamten Organismus und speziell das Skelett auswirkt. Doch keine Sorge, bis zur achten Woche werden die Welpen bestens durch die Muttermilch versorgt, die ab der dritten bis vierten Woche durch erste Beifütterungen ergänzt werden kann. Die Mutter muss in den ersten 24 Stunden nach der Geburt mit dem Säugen der Jungen beginnen. Die Muttermilch versorgt die Welpen nicht nur optimal mit allen Nährstoffen, sondern enthält auch erste Antikörper, die das noch wenig entwickelte Immunsystem der Kleinen entscheidend stärken.

Nach acht Wochen sind die Welpen dann von der Muttermilch entwöhnt und wer-

Eine Belohnung bei der Erziehung kann Wunder wirken. Zu häufig sollten diese Extra-Belohnungen aber nicht gereicht werden, da ihr Nährwert recht gering ist. Foto: I. Francais

den mit einem speziellen, auf Welpen abgestimmten Futter ernährt. Im Wesentlichen benötigen die Kleinen nun Proteine (der Proteingehalt der Nahrung sollte nicht wesentlich über 25% liegen, Werte um 22% sind auch vertretbar), Fette und Mineralstoffe, vor allem Calcium und Phosphor zum Knochenaufbau. Sie haben die Wahl, die Welpen mit einer Fertigkost zu versorgen, die bereits alle entscheidenden Nährstoffe enthält, oder Sie bereiten das Futter selbst zu. Ich empfehle Ihnen einen gesunden Mix aus Fertignahrung und Eigenmischungen, um die Gewöhnung an ein Futter zu unterbinden. Vermeiden Sie eine zusätzliche Aufbaunahrung neben einer gesunden Welpenkost! Solche Power-Nahrung führt nur zu einem unnatürlich schnellen Wachstum, was wiederum zu Wachstumsdefekten führen kann oder bei Welpen, die schon zu orthopädischen Problemen wie HD neigen, diese fördert. Setzen Sie dem selbst zubereiteten Futter nach Absprache mit Ihrem Tierarzt ein Vitamin- und Mineralstoffpräparat zu. Die im Handel erhältlichen Fertigfutter für Welpen enthalten schon einen entsprechend höheren Anteil an Mineralien und Vitaminen, eine zusätzliche Aufwertung mit diesen Stoffen birgt die Gefahr der Gelenkversteifung, zu massiver und dadurch deformierter Knochen. Die noch weichen Knochen des Welpen härten durch die Einlagerung von Kalk aus, dabei ist sowohl eine Überversorgung als auch eine Unterversorgung schädlich und führt zu Wachstumsstörungen. Die genauen Dosierungen sowohl der Ergänzungspräparate als auch des Fertigfutters entnehmen Sie der jeweiligen Beilage oder dem Aufdruck.

Füttern Sie, wenn Sie den Welpen nach acht bis zehn Wochen vom Züchter abholen, zunächst nach dessen Essensplan weiter und stellen Sie erst allmählich das Futter auf Ihre bevorzugte Weise um. Der Welpe erhält so einen schonenden Übergang, der ihm sowohl die Eingewöhnung im neuen Heim als auch seiner Verdauung die Umstellung auf ein neues Futter vereinfacht.

Bis zum Alter von etwa acht Monaten (als Richtlinie: nach dem Zahnwechsel) sollten Sie bei der Welpenkost für Ihren AmStaff bleiben. Die Tagesration verteilen Sie anfangs auf vier oder mehr Portionen. So erreichen Sie eine möglichst gleichmäßige Nährstoffzufuhr und somit ein gleichmäßiges Wachstum. Nach zwölf Monaten genügt es, wenn Sie nur noch zweimal täglich füttern.

Ihr Hund hat in jedem Lebensabschnitt und abhängig von seinem Aktivitätsgrad ganz unterschiedliche Ernährungsansprüche, denen Sie gerecht werden müssen. Sollten Sie sich bei der Ernährung Ihres Hundes unsicher sein, fragen Sie Ihren Tierarzt oder den Züchter, bei dem Sie Ihren AmStaff erworben haben, um deren Ratschlag. Foto: I. Francais

Futteransprüche beim erwachsenen Hund

American Staffordshire Terrier sind mit einem Alter von zwei Jahren erwachsen. Schon mit einem Jahr sind die Hunde körperlich ausgewachsen, aber noch nicht ausgereift. Die Knochen sind dann aber schon stabil und Sie können Ihren Hund nun stärker beanspruchen. Ihr Hund benötigt eine andere, auf die Bedürfnisse dieses Lebensabschnitts abgestimmte Kost. Die Fütterungen reduzieren Sie jetzt auf zweimal täglich. Wann Sie die Hauptmahlzeit reichen, können Sie ganz Ihrem Tagesrhythmus anpassen, sinnvoll ist eine Fütterung morgens oder abends. Die Kost muss weiterhin ausgewogen bleiben. Sorgen Sie für Abwechslung und nehmen Sie beim Fertigfutter eine Sorte für erwachsene Hunde. Zusätzliche Vitamin- und vor allem Mineralstoffgaben sind nicht erforderlich, die Vitaminzufuhr über das tägliche Futter, das Sie jederzeit gerne mit etwas Obst ergänzen können, deckt den Bedarf. Wieviel Futter Ihr Hund benötigt, ist individuell und hängt unter anderem von seiner Aktivität und seinem gesundheitlichen Zustand ab. Füttern Sie nur soviel, wie Ihr Hund auch hintereinander frisst. Die Reste entfernen Sie nach jeder Mahlzeit. Frisst er seinen Napf immer leer, füttern Sie etwas mehr; lässt er immer etwas übrig, so füttern Sie etwas weniger. Über- und Untergewicht sind für Sie leicht durch einen kurzen Druck auf die Rippen zu erkennen und durch entsprechende Futterumstellung anfangs schnell zu regulieren. Bei einem normalgewichtigen Hund sollten Sie die Rippen ertasten können, ohne dass darüber eine dicke Fettschicht liegt, oder – beim untergewichtigen Hund – die Rippen sich deutlich abzeichnen oder erfühlen lassen. Ein zu fetter oder zu magerer American Staffordshire Terrier ist anfällig für verschiedenste Gebrechen, darum müssen Sie auf sein Gewicht besonders achten. Achten Sie auf eine Anreicherung des Futters mit wichtigen Ballaststoffen und bedenken Sie, dass Ihr ausgewachsener Hund nun durch Ihre Fütterungen nicht mehr wachsen muss, sondern nur noch seinen Zustand erhalten will. Je aktiver Ihr AmStaff ist, desto mehr Nahrung benötigt er auch, in einer ruhigeren Phase wird sein Futterbedarf sinken.

Futteransprüche im Alter

Mit fortschreitendem Alter, und American Staffordshire Terrier zählen ab einem Alter von acht Jahren zu den Älteren, finden im Körper Veränderungen statt, die sowohl auf einer allgemeinen Abnutzung und Schwächung als auch auf einer ebenfalls ganz natürlichen Umstellung des Stoffwechsels beruhen. Genauso wie Ihr Hund nun ruhiger wird, ist der Stoffwechsel reduziert und langsamer. Die Verdauung ist nicht mehr so effektiv wie früher, Nährstoffe werden nicht mehr so schnell aufgenommen.

Ihr Hund benötigt nun eine leicht verdauliche Kost, mit einem höheren Anteil an Kohlehydraten. Reduzieren Sie die Futtermenge, denn Übergewicht schadet Ihrem alten Hund, es belastet die häufig zu Arthritis neigenden Gelenke unnötig und kann die Folgen einer bestehenden, auch nur leichten HD verschlimmern. Ihr

American Staffordshire Terrier ist nun von Natur aus ruhiger, schläft mehr und bewegt sich weniger. Dementsprechend sinkt auch sein Futterbedarf. Im Handel werden verschiedene Fertigfutter für ältere Hunde als Senioren- oder Light-Marken angeboten, die im Wesentlichen diesen neuen Ernährungsansprüchen gerecht werden sollen. Auch kann eine etwas teurere Premium-Marke die beste Alternative für Ihren alternden Hund darstellen. Experimentieren Sie etwas herum und fragen im Zweifelsfall Ihren Tierarzt. Gerade verschiedene Fettsäuren, mit denen Sie das Futter anreichern können oder die in verschiedenen Futtern enthalten sind, helfen gelenkgeschädigten Hunden oft sehr. Seien Sie sich aber bitte im Klaren darüber, dass eine gewisse Degeneration mit all ihren Problemen im Alter völlig normal ist und nicht gestoppt werden kann. Es geht für Sie jetzt darum, Ihrem Hund das Altwerden so angenehm wie möglich zu machen, wozu auch seine richtige Ernährung gehört. Viele American Staffordshire Terrier bleiben so topfit bis ins hohe Alter, das oft über zwölf Jahre betragen kann.

Was Sie sonst noch wissen müssen

Sie sehen, bis auf ein paar Regeln, an die Sie sich bei der Ernährung Ihres Hundes ebenso halten müssen wie bei Ihrer eigenen Ernährung auch, stellt Sie die richtige Ernährung Ihres Hundes vor keine unüberwindbaren Probleme. American Staffordshire Terrier sind robuste Zeitgenossen, dennoch kann auch ihnen durch eine falsche Ernährung geschadet werden. Gerade übergewichtige Hunde werden Probleme mit den Gelenken bekommen und ihre Lebenserwartung ist geringer als die von normalgewichtigen Artgenossen. Kastrierte Rüden neigen dazu, schneller etwas Speck anzusetzen, und müssen deshalb besonders kalorienarm ernährt werden.

Manche Hunde scheinen ständig auf die nächste Mahlzeit zu warten. Übergewicht ist leider bei Hunden nicht selten und fördert viele Krankheiten und Probleme mit den Gelenken. Foto: Berger

Die Hundeerziehung ist eine oftmals kontrovers diskutierte Angelegenheit. Die einen sehen in ihr die Vermenschlichung eines ursprünglich wilden Tieres, die anderen halten eine solide Grunderziehung für unabdingbar. Ihren American Staffordshire Terrier gar nicht zu erziehen, halte ich schlichtweg für unrealistisch. Ganz im Gegenteil müssen vorbildliche Hundehalter Ihre Vierbeiner bestens erziehen, damit sie ein akzeptierter Teil unseres Lebens werden. Allein das Aufzeigen von Freiheiten und Beschränkungen mündet in einer Erziehung, und einen American Staffordshire Terrier in völliger Freiheit und Eigenverantwortung zu halten hieße, ihm alles zu erlauben. Eine solide Grunderziehung, die ein Zusammenleben in einem sozialen Umfeld ermöglicht, ist das Mindeste, was Sie Ihrem Hund angedeihen lassen sollten. Hierzu gehört auf Seiten des American Staffordshire Terriers das Befolgen verschiedener Kommandos, genauso wie seine Stubenreinheit und das Unterlassen von eindeutig belästigenden Verhaltensweisen wie Betteln oder Anspringen von Menschen.

Was zu bedenken ist

Die Erziehung Ihres Hundes muss auf gegenseitigem Respekt und Vertrauen aufgebaut sein, nicht auf Bestrafungen und Zwang. Ihr Hund muss Sie und Sie müssen Ihren Hund verstehen lernen. Auf Ihrer Seite gehört zu einer guten Erziehung neben dem sinnvollen Vermitteln, wie Ihr Hund auf Ihre Kommandos reagieren muss, vor allem die Konsequenz aller an der Erziehung beteiligten Personen. Sie können nicht erwarten, dass Ihr American Staffordshire Terrier beim ersten Üben gehorcht, denn auch wenn es trivial klingen mag, er versteht Sie nicht. Sie müssen ihm genau zeigen, was Sie von ihm wollen. Jeder, der mit dem Hund zu tun hat, muss sich dabei an eine einheitliche Erziehung halten. Jedes Kommando kann nur eine Handlung nach sich ziehen. Verbote müssen einheitlich gehandhabt werden. Was bei einem Mitglied der Familie verboten ist, darf von den anderen nicht erlaubt werden. Die intelligenten American Staffordshire Terrier haben manchmal einen Dickschädel, der es nicht einfach macht, ruhig zu bleiben. Aber mit dem notwendigen Feingefühl und der Liebe zu Ihrem Hund werden Sie es schon schaffen.

Wann beginnen?

Mit der Erziehung des Welpen müssen Sie sofort beginnen. Gerade die Stubenreinheit ist ein Problem, das Sie sicher schnell in den Griff bekommen wollen. Auch andere Kommandos, wie zum Beispiel das Auslassen, sind sehr wichtig, nicht zu reden von einer schnellen Gewöhnung an das Alleinsein und die Leine. Fangen Sie mit Ihren Lektionen also früh an, überfordern Sie aber Ihren Welpen nicht! Üben Sie anfangs nicht länger als ein paar Minuten am Stück und wiederholen Sie die einzelnen Lektionen lieber häufiger am Tag. Auch American Staffordshire Terrier lernen, genau wie Menschen, nicht alle gleich schnell und nicht alle mit dem gleichen Interesse. Sportliche Ausbildungen, zum Beispiel Agility, sind frühstens ab einem Alter von zwölf Monaten ratsam. Erst dann ist das Skelett gefestigt genug, um den Beanspruchungen standzuhalten. Verlieren Sie nicht die Geduld, wenn die Übungen auch mal ausfallen müssen, weil Ihr Kleiner lieber spielen will! Das Training muss in Ruhe ablaufen und die Konzentration des Hundes muss bei Ihnen sein. Trainieren Sie also nicht nach oder vor den Essenszeiten, nach größeren Anstrengungen oder in ungewohnter Umgebung oder aufregender Situation. Jeder Lernerfolg, sei er noch so klein, wird von Ihnen durch Worte, Streicheln oder eine Leckerei (was nicht Süßigkeit bedeutet!) belohnt. Halten Sie sich an diese Grundregeln, wird sich der Lernerfolg rasch einstellen.

Denken Sie dran!

Ihr Verein bietet regelmäßige Treffen auf dem Hundeübungsplatz an. Sie sehen andere Halter und Hunde und können Ihre Erfahrungen und Probleme in der Hundeerziehung mit erfahrenen Hundetrainern diskutieren. Neben diesen Treffen werden auch gemeinsame Spaziergänge angeboten, die eine weitere Möglichkeit sind, mit anderen Hundehaltern in Kontakt zu kommen.

Die Stubenreinheit

Wenn Sie sich einen acht bis zehn Wochen alten Welpen ins Haus holen, steht neben viel Spaß und Spiel auch eine Menge Arbeit an. Bei allen anderen Dingen, die Ihr American Staffordshire Terrier nun lernen und kennenlernen soll, steht die Stubenreinheit ganz oben auf der Liste der zu erledigenden Dinge. Ihr Ziel hierbei ist es, dass der Welpe sein Geschäft nur außerhalb der Wohnung verrichtet. Glücklicherweise zeigt Ihr Welpe dies an. Er wird unruhig, schnuppert viel auf dem Boden, dreht sich leicht im Kreis. Nun wird es Zeit, mit ihm nach draußen zu gehen, bis er seine Notdurft verrichtet hat und Sie ihn ausgiebig gelobt haben. Auch nach jeder Mahlzeit und jedem Schlaf müssen Sie mit dem Kleinen rausgehen und ihn nach verrichteter Dinge ausgiebig loben. Damit nachts kein Malheur passieren kann, sollte sich Ihr American Staffordshire Terrier melden, wenn er muss. Da Hunde niemals ihren eigenen Schlafplatz beschmutzen, genügt es meistens, dass Sie diesen nachts beispielsweise mit einem kleinen Zaun oder Gitter umstellen, so dass sich Ihr Welpe in seiner Not schon bemerkbar machen wird.

Sollte es trotz aller Umsicht doch einmal zu einem Unfall in der Wohnung kommen, können Sie Ihren American Staffordshire Terrier, wenn Sie ihn auf frischer Tat ertappen, ruhig durch ein strenges „Pfui“ oder „Nein“ auf Ihr Missfallen hinweisen. Entdecken Sie sein Geschäft allerdings erst später, so wird er bei einer Ermahnung nicht mehr die Verbindung zu seinem Missgeschick erkennen. Es bleibt Ihnen nur, die Sache gründlich zu reinigen, damit Ihn der Geruch nicht zu weiteren Missetaten verleitet.

Das Alleinsein

Aller Anfang ist schwer und auch die später selbstverständlichsten Dinge

Nicht nur auf Hundeausstellungen ist es wichtig, dass Ihr Hund perfekt erzogen ist. Eine solide Grunderziehung ist die Voraussetzung für ein harmonisches Miteinander von Mensch und Hund.
Foto: Berger

müssen geübt werden – so auch das Alleinsein. Es ist letztlich nur eine Frage der Gewöhnung und des Vertrauens, das Ihr Hund in Sie hat. Dass er bellt und sich unwohl fühlt, wenn Sie ihn allein lassen, liegt an seiner Unsicherheit, ob und wann Sie wiederkommen. Beweisen Sie ihm, dass er sich auf Sie verlassen kann, indem Sie ihn anfangs nur sehr kurz alleine lassen. Beobachten Sie ihn dabei, kehren aber erst dann in das Zimmer zurück, wenn er aufhört nach Ihnen zu rufen. Er soll nicht lernen, dass Sie kommen, wenn er bellt, sondern dass Sie immer wiederkehren. Üben Sie dies mit Ihrem Welpen sofort nach der Eingewöhnung, denn nur so vermeiden Sie, dass Ihr American Staffordshire Terrier später vor dem Supermarkt von der ersten bis zur letzten Minute die Nachbarschaft zusammenkläfft. Auch Ihrem Hund wird dies ein angenehmeres Leben bereiten und er wird sich bei einer kleinen Belohnung nach jeder Rückkehr sicher schnell an das gelegentliche Alleinsein gewöhnen.

Die Leinenführung und Fuß gehen

Sich an die Leine zu gewöhnen bedeutet nicht nur, dass sich Ihr American Staffordshire Terrier die Leine bereitwillig anlegen lässt, sondern vielmehr auch, dass er beim Spazierengehen nicht ständig daran zerrt, sondern „Fuß“ läuft.
Zunächst sollten Sie Ihren Welpen an das Anlegen und Tragen der Leine gewöhnen. Dies schaffen Sie am besten durch häufigeres Anlegen, Loben und wieder Abnehmen – alles in Maßen, sonst wird dieses Spiel Ihrem Welpen schnell langweilig.

Mit der Erziehung Ihres Welpen können Sie gar nicht zu früh anfangen. Auch wenn Sie sich dessen nicht bewusst sind: Indem Sie Ihrem Hund von den ersten Momenten des Zusammenlebens an Dinge erlauben oder verbieten, erziehen Sie ihn.

Ab einem Alter von etwa vier Monaten sollten Sie mit der Grunderziehung Ihres Welpen beginnen. Davor ist der Kleine noch zu unruhig und unkonzentriert für längere Übungen – er sitzt lieber in der Sonne oder spielt etwas mit Ihnen. Fotos: I. Francais

Auf den Spaziergängen muss Ihr American Staffordshire Terrier lernen, an der Leine neben Ihnen zu laufen. Das gebräuchliche Kommando ist ein kurzes, energisches „Bei Fuß" oder nur „Fuß". Als Unterstützung und um die Aufmerksamkeit Ihres Hundes zu erhalten, nennen Sie zunächst seinen Namen und klopfen sich leicht auf die Schenkelseite, an der der Hund laufen soll. Normalerweise läuft der Hund an Ihrer linken Seite, wobei Sie die Leine in der rechten Hand halten. Wie bei allen erzieherischen Maßnahmen loben Sie Ihren Hund ausgiebig, wenn er Ihrem Befehl folgt. Eine Belohnung durch ein Leckerli sollte nicht zur Gewohnheit werden, kann aber gerade anfangs den Lernerfolg erheblich beschleunigen. Damit Ihr Hund nun auch auf gleicher Höhe und im gleichen

Tempo mit Ihnen läuft, klopfen Sie sich leicht gegen den Oberschenkel, um so seine Aufmerksamkeit weiter zu erhalten. Bleibt er bei Ihnen, wird er gelobt. Gehen Sie anfangs nur wenige Schritte und steigern Sie die Distanz, die Sie mit Ihrem Hund zurücklegen, langsam. So lernt Ihr Hund, locker an der Leine neben Ihnen zu laufen. Entfernt er sich, können Sie mit Ihrer linken Hand die Leine ergreifen und ihn durch ein kurzes Ziehen und ein strenges „Nein" oder das erneute Kommando „Fuß" auf Ihre Missbilligung aufmerksam machen. Sobald er darauf reagiert und wieder an Ihrer Seite läuft, wird er gelobt.

Kommen auf Ruf

Das Kommen auf Ruf ist wohl die Grundvoraussetzung, soll Ihr Hund ohne Leine laufen. Gleichzeitig ist das Üben dieses Kommandos aber nur ohne Leine wirklich sinnvoll. Suchen Sie sich als Übungsplatz ein möglichst übersichtliches und für Ihren American Staffordshire Terrier ungefährliches Gelände aus, das möglichst wenig Ablenkung – auch in Form fremder Hunde – bietet. So können Sie sich einer größeren Aufmerksamkeit sicher sein. Aber auch in der eigenen Wohnung oder auf dem eigenen Grundstück können Sie mit dem Üben anfangen und Ihren Hund zum Beispiel zu jeder Mahlzeit rufen, die Belohnung steht dann schon da!

Dem allgemein gebräuchlichen Kommando „Komm" stellen Sie den Namen Ihres American Staffordshire Terriers voran. Der Wortklang ist einladend und freundlich, beinahe lockend. Zur Unterstützung klatschen Sie in die Hände oder auf Ihre Schenkel. Kommt Ihr Hund angelaufen, loben Sie ihn und zeigen Ihre Freude. Kommt Ihr Hund nicht, rufen Sie erneut und können sich als Unterstützung leicht von ihm entfernen oder zumindest in die Hocke gehen. Beide Maßnahmen vergrößern den Abstand zwischen Ihnen zumindest optisch, was Ihren Hund sicher zu Ihnen kommen lässt. Dabei wiederholen Sie das Kommando und loben Ihren Hund, wenn er bei Ihnen ist. Auch wenn er aus Ihrer Sicht zu spät oder erst nach vielen Wiederholungen reagiert, muss er von Ihnen belohnt werden, denn er hat kein Verständnis für Ihre Interpretation „das war aber sehr spät". In einer Bestrafung sieht er nur den Zusammenhang zu seinem Erscheinen und wird es als eine negative Erfahrung bewerten, auf dieses Kommando zu Ihnen zu kommen.

Vermeiden Sie beim Üben auf jeden Fall jede Art von Jagdsituation, indem Sie Ihrem Hund hinterherlaufen, wenn er nicht auf Ihr Kommando reagiert. Dieses Fangenspiel macht jedem Hund großen Spaß, und er wird wohl eine ganze Weile lang der Sieger bleiben.

Das Auslassen

Nicht alles, was Ihr American Staffordshire Terrier in sein Maul nimmt, gehört auch dort hinein. Besonders Welpen nehmen alles ins Maul, was ihnen interessant erscheint, oder knabbern Dinge an. Dabei kann so einiges in den Magen wandern, was dort nichts zu suchen hat, und im schlimmsten Fall eine ernsthafte Gefahr für die Gesundheit bedeuten. Das Kommando zum Auslassen ist ein kurzes und strenges „Aus", angeführt

Während der ersten Trainingsstunden sollten Sie Ihren Hund unbedingt angeleint lassen. Foto: Berger

vom Namen Ihres Hundes, um dessen Aufmerksamkeit zu erlangen. Sie müssen Ihrem Welpen dieses Kommando sehr bald beibringen, denn es ist äußerst wichtig, dass er nichts ins Maul nimmt oder gar frisst, was er nicht darf und was ihm schaden kann.

Sie üben diesen Befehl mit Ihrem Hund am besten mit einem Spielzeug oder Kauknochen. Sagen Sie das Kommando und ziehen dann leicht an dem Gegenstand in seiner Schnauze. Das machen Sie so lange, bis Ihr Hund den Gegenstand freigibt. Ein dickes Loben folgt und, wenn Sie wollen, ein kleines Leckerli oder die Rückgabe des Übungsgegenstandes – das stärkt sein Vertrauen in Sie. Die Umsetzung der Theorie ist bei diesem Kommando manchmal etwas schwierig, da der Hund ganz natürlich seinen Besitz verteidigen will und nicht immer kooperativ auf das Anfassen und Herausziehen eines Gegenstandes aus seinem Maul reagiert. Hier ist Ihr Fingerspitzengefühl für die Situation gefragt, um das Ganze genau nicht in ein Gerangel eskalieren zu lassen. Ein energisches „Nein" kann von Ihnen angebracht werden, wenn der Hund es zu toll zu treiben anfängt. Sie machen ihm mit dieser Übung auch klar, dass Sie der Chef sind und alles von ihm fordern können.

Auch dieses Kommando wird Ihr American Staffordshire Terrier nach einer Weile verstehen und lässt dann auf Befehl aus, was immer er gerade im Maul hat.

Das „Sitz"

Das „Sitz" ist ein recht einfach zu vermittelndes Kommando, das kurz und betont erteilt wird. Sie nennen zunächst den Namen Ihres Hundes, dann ein kurzes und bestimmtes „Sitz". Eine geeignete Möglichkeit, dieses Kommando zu üben, ist vor einer Mahlzeit oder der Vergabe eines Leckerlis. Nehmen Sie hier das Leckerli oder den Fressnapf in die Hände und stellen sich vor Ihren Hund. Wahrscheinlich wird er unruhig sein und auf das Fressen warten. Erteilen Sie jetzt das Kommando und belohnen Sie Ihren Schützling, nachdem er sich setzt. Wahrscheinlich setzt sich Ihr American Staffordshire Terrier von ganz alleine hin, denn dies ist eine höchst natürliche Position für den Hund. Auf Dauer ist das „Sitz“ sicher eines der häufigsten Kommandos und Ihr Hund muss lernen, es schnell zu befolgen. Es genügt am Anfang sicher nicht, den Befehl nur bei den paar Mahlzeiten am Tag zu üben, auch muss der Hund nicht immer mit einem Leckerli belohnt werden, er wird sich über Ihr Lob und Ihre Freude mitfreuen können. Reagiert Ihr Hund anfangs nicht auf das Kommando, versteht er es vielleicht nicht, dann halten Sie ein Leckerli hoch, so dass er sich automatisch vor Sie setzt. Auch wenn er nur mit dieser kleinen Hilfe zum Sitzen kommt, wird er von Ihnen wieder ausgiebig gelobt. Der Hund darf seine Position erst aufgeben, wenn Sie ihm dies erlauben, was Sie durch ein strenges „Bleib“ unterstützen können.

Sollten Sie Ihren American Staffordshire Terrier an der Leine führen, bedenken Sie, dass er nicht aus vollem Lauf sofort auf Ihr Kommando reagieren kann. Verlangsamen Sie deshalb Ihr Tempo, bevor Sie das Kommando geben. Gegebenenfalls üben Sie mit der Hand, auf deren Seite Ihr Hund gerade läuft, einen leichten Druck auf sein Hinterteil aus, ohne dass Sie sich jedoch über ihn beugen, was er als bedrohlich empfindet und ängstlich reagieren wird.

Sollte Ihr American Staffordshire Terrier den Befehl verweigern, quittieren Sie jedes andere als das gewünschte Verhalten mit einem strengen „Nein“.

Das „Platz“

Von der Qualität her ist das „Platz“ dem „Sitz“ sehr ähnlich und kann auch sehr ähnlich geübt werden. Warten Sie zunächst ab, bis Ihr Hund das Sitz beherrscht. Der Schritt ist dann nicht mehr weit, denn sitzt Ihr American Staffordshire Terrier erst einmal, können Sie nach dem Kommando „Platz“ ein Leckerli tiefer vor ihn halten, so dass er sich von selbst in eine liegende Haltung begibt. Hat er diese eingenommen, loben Sie

Das „Platz“ ist neben dem „Sitz“ eine der leichtesten Übungen für Ihren Hund. Im Gegensatz zum „Sitz“ nimmt Ihr Hund die „Platz“-Position aber nur dann gerne ein, wenn er sich vollkommen sicher fühlt, denn sie ermöglicht ihm keine schnelle Flucht bei Gefahr.
Foto: Berger

Die Erziehung besteht nicht nur aus dem Lehren von bestimmten Kommandos. Sie bringen Ihrem Hund auch bei, was erlaubt und was verboten ist. Dabei müssen Sie eine klare Linie verfolgen. Wenn Sie bei Ihrem Welpen noch alles Mögliche durchgehen lassen, wird es umso schwieriger, Ihrem erwachsenen Hund unerwünschte Verhaltensaweisen wieder abzugewöhnen. Foto: I. Francais

ihn. Auch für das „Platz“ gilt, dass Ihr Hund seine Position erst aufgeben darf, wenn Sie ihm dies erlauben, was Sie ebenfalls durch ein bestimmtes „Bleib“ unterstützen können. Um die eingenommene Position zu unterstützen, können Sie beim Belobigen seinen Rücken sanft festhalten, so dass Ihr Hund gar nicht aufstehen kann. Später reagiert Ihr Hund dann sicher auch allein auf das Kommando „Platz“, ohne dass Sie den Umweg über das „Sitz“ gehen müssen. Ein sinnloses Unterfangen wäre es allerdings zu versuchen, den Hund aus dem Stehen

durch Druck auf den Rücken sofort in die Platz-Position zu bringen, hier ist selbst ein Welpe stark genug, Ihrem Drücken zu wiederstehen, und Verletzungen der noch schwachen Wirbelsäule möchten Sie nicht riskieren.
Führen Sie Ihren Hund an der Leine, geben Sie auch das Kommando „Platz" erst, nachdem Sie den Schritt verlangsamt haben und fast zum Stehen gekommen sind. Geben Sie das Kommando im vollen Lauf, braucht Ihr Hund zu lange, um es umzusetzen; bleiben Sie erst stehen, bevor Sie das Kommando geben, wird Ihr Hund noch ein paar Schritte weiterlaufen und unweigerlich nicht neben, sondern vor Ihnen zum Sitzen oder Liegen kommen. Als Folge dreht er sich nach Ihnen um und kommt vielleicht sogar zurückgelaufen.

Das Betteln

Eine eher lästige und unschöne Angewohnheit, die Ihrem American Staffordshire Terrier auch nur schwer abzugewöhnen ist, ist das Betteln. Gerade am Tisch und wenn Gäste da sind, kann ein bettelnder Hund nicht nur sehr anstrengend werden, eine nasse Hundeschnauze auf dem Esstisch ist zudem nicht sehr appetitlich. Das Betteln ist eine Angewohnheit, die Sie am besten gar nicht erst entstehen lassen. Hierzu ist lediglich Ihre Konsequenz notwendig, denn Sie können Ihrem American Staffordshire Terrier nicht alles erlauben und jeden Wunsch erfüllen. Nur wenn Sie von der ersten Minute an konsequent sein Betteln ignorieren und wenn notwendig mit einem bestimmten „Nein" unterbinden, werden Sie später einen Hund besitzen, der auch beim leckersten Schnitzel auf Ihrem Teller brav zu Ihren Füßen liegt.

Ihr Missfallen deutlich machen

Ein heikles Thema in der Erziehung, und sicher nicht nur in der von Hunden, ist die richtige Art der Bestrafung. Ihrem American Staffordshire Terrier zeigen Sie Ihr Missfallen am besten mit einer eindeutigen Geste und einem strengen, bestimmten Tonfall. Die gebräuchlichen Kommandos sind „Pfui" oder „Nein". Eine Bestrafung in Form von Schlägen ist sicher nicht der richtige Weg und zeigt nur die Charakterschwäche des Halters. Ihr Hund muss Sie als seinen Herrn respektieren und auf Sie hören. Wenn er merkt, dass Sie mit ihm unzufrieden sind und Sie ihm dies durch Ihre Ermahnung zeigen, ist dies für ihn Strafe genug.
Sie können das Fehlverhalten Ihres Hundes nur im direkten zeitlichen Zusammenhang mit seiner Missetat bestrafen. Bei einer späteren Ermahnung wird er den Zusammenhang mit seinem Fehlverhalten selbst nicht mehr herstellen können. Das Beispiel des streunenden Hundes macht diese für Sie missliche Situation sehr deutlich. Wenn Ihr American Staffordshire Terrier einmal ausreißt und erst nach Stunden nach Hause zurückkehrt, so dürfen Sie ihn nicht für sein Fortgehen bestrafen, sondern im Gegenteil, Sie loben ihn für seine Rückkehr. Eine Bestrafung zu diesem Zeitpunkt sieht er im Zusammenhang mit seiner Rückkehr, nicht mit seinem Verschwinden. Würde er in diesem Moment bestraft, bliebe er das nächste Mal aus

Angst vor der Bestrafung länger weg oder käme gar nicht wieder. Eine Ermahnung ist also nur zu dem Zeitpunkt möglich und sinnvoll, in dem Ihr Hund streunen gehen will. Dies gilt für alle Fälle, in denen Sie ein Fehlverhalten erst später bemerken.

Die weitere Ausbildung des American Staffordshire Terriers

American Staffordshire Terrier sind intelligente, lernwillige Hunde, die aber auch mit der Terrier-typischen Sturheit ausgestattet sind. Es ist immer sinnvoll, seinen Hund gut auszubilden. Dazu gehört an erster Stelle die Begleithund-Prüfung, in der Sie und Ihr Hund Ihre Sicherheit der Grundkommandos beweisen können. Die Prüfung kann Ihr Hund im Alter von zwölf Monaten ablegen.

Auf keinen Fall eignen sich American Staffordshire Terrier zum Einsatz als Schutzhunde mit den dazugehörigen Ausbildungen. Sie zerstören damit seinen freundlichen, sanften Charakter und machen ihn unter Umständen zu einem unberechenbaren, aggressiven Hund. American Staffordshire Terrier haben einen natürlichen Schutztrieb und eine durchaus beeindruckende Präsenz. Als Halter gilt es, dies nicht auszunutzen und weiter zu fördern, sondern in verträgliche Grenzen zu bringen.

Grundregeln zur Erziehung

Konsequenz

Was dem Hund von einem Familienmitglied verboten wird, muss automatisch auch bei allen anderen Familienmitgliedern verboten sein.

Kommandos (Hörzeichen)

Alle Kommandos (ausgenommen das „Komm") sind kurze und energisch gesprochene Befehle, keine Bitten. Es muss dem Hund möglich sein, die unterschiedlichen Kommandos anhand verschiedener Stimmlagen zu unterscheiden, weshalb jede Übung ihr eigenes Kommando hat. Verwenden Sie also niemals ein Kommando für zwei unterschiedliche Übungen, denn das bringt den Hund völlig durcheinander.

Gewöhnen Sie Ihren Hund nicht daran, erst auf das dritte oder vierte Kommando zu hören. Nach dem ersten nicht befolgten Befehl erfolgt sofort die unmittelbare Einwirkung und die Wiederholung der Übung bis zur richtigen Ausführung. Der Hund wird schnell begreifen, dass er sich den Tadel (negativer Reiz) erspart, wenn er gleich beim ersten Kommando Folge leistet und gelobt wird (positiver Reiz). Beenden Sie eine Übungslektion stets mit einem Kommando, das der Hund gut ausführt und somit ein Lob bekommt.

Der alte Spruch „Vorsicht ist besser als Nachsicht" ist besonders beim Thema Gesundheit aktuell und beinahe eine Grundweisheit. Viele Gesundheitsprobleme Ihres American Staffordshire Terriers sind vermeidbar, wenn Sie sich genau darüber informieren, wo die Gefahren für Ihren Hund liegen und wie sie sie möglichst gering halten oder gar ausschließen können. Hierzu gehören die unterschiedlichsten Kapitel der Hundehaltung. Eine verantwortungsbewusste Gesundheitsvorsorge umfasst neben einer artgerechten Haltung und einem artgerechten Umgang mit Ihrem American Staffordshire Terrier ganz entscheidend die Punkte Ernährung und Krankheitsvorsorge, wie in diesem Kapitel beschrieben wird.
Ganz trennen lassen sich die einzelnen Faktoren selbstverständlich nicht, denn zu einer umfassenden Krankheitsvorsorge gehört eine gesunde Ernährung und natürlich eine solide Erziehung, die Ihrem American Staffordshire Terrier gezeigt hat, welchen Gefahren er sich nicht aussetzen darf. Da diese beiden Teilbereiche der Hundehaltung schon ausführlich in den vorangegangenen Kapiteln besprochen wurden, setzen wir uns nun mit der eher medizinischen Seite der Vorsorge auseinander. In diesem Kapitel werden Themen wie Impfungen, Wurmkuren und Besonderheiten der einzelnen Lebensabschnitte angesprochen. Auf die Zucht wird nur kurz eingegangen, die hier ausdrücklich mit dem Schwerpunkt der Gesundheit der Nachkommen besprochen wird.

Zucht und Auswahl der Elterntiere

Wer züchten möchte, muss sich darüber im Klaren sein, dass die Aufzucht der Welpen anstrengend und eine Vollzeitbeschäftigung ist. Mit der Zucht lässt sich unter günstigen Umständen etwas Geld verdienen, aber das Risiko unkalkulierbarer Tierarztkosten im Krankheitsfall macht die Zucht nicht zu einem lukrativen Geschäft, sondern vielmehr zu einer Passion begeisterter Hundeliebhaber. Abgesehen von allen Auflagen, die Ihnen Ihr Verein vor der Belegung sowohl Ihrer Hündin als auch dem Deckrüden machen, müssen Sie sich über die Gesundheit Ihrer American Staffordshire Terrier informieren und die Hunde untersuchen lassen.
Zur medizinischen Vorsorge gehört neben der Untersuchung auf Erbkrankheiten und auf eine bestehende HD oder ED auch der ausreichende Impfschutz und eine wiederholte Entwurmung der

Denken Sie dran!

Der beste Schutz vor Unfällen ist die Vorsorge und Vermeidung gefährlicher Situationen. Je jünger Ihr Hund ist, desto unerfahrener ist er auch. Wie ein kleines Kind muss er erst noch lernen, mit Gefahren richtig umzugehen. Zeigen Sie ihm, was gefährlich für ihn ist, und seien Sie besonders in Gebieten aufmerksam, die auch Ihnen noch unbekannt sind.

Umsicht ist eine der Säulen bei der Gesundheitsvorsorge. Achten Sie von Beginn an auf alle Veränderungen an Ihrem Hund. Dazu gehört auch die regelmäßige Kontrolle seines Gewichts. Foto: Berger

Elterntiere. Gerade die Hündin muss in einem gesundheitlich einwandfreien Zustand sein, um den Strapazen der Geburt und Aufzucht gewachsen zu sein. Die richtige und verantwortungsbewusste Auswahl der Eltern ist der entscheidende Grundstein nicht nur für Ihre eigenen Welpen, sondern auch insgesamt für das Fortbestehen einer gesunden Rasse. Hier steht nicht nur die Gesundheit, sondern ganz entscheidend auch das Wesen der Hunde im Vordergrund. Wesensschwache, aggressive und ängstliche Hunde müssen unbedingt aus der Zucht genommen werden. Dafür tragen alleine die Züchter und der Verein mit seiner Zuchtüberwachung die Verantwortung. Erkundigen Sie sich am besten bei erfahrenen Züchtern und Tierärzten nach den möglichen Komplikationen und dem normalen Ablauf einer Schwangerschaft. Ebenso werden sie Ihnen alle Fragen zur Zucht beantworten können.

Allgemeine Vorsichtsmaßnahmen

Der einfachste und zugleich effektivste Rat zur Gesundheitsvorsorge ist in meinen Augen: Beobachten Sie Ihren Hund und fragen Sie sich bei auftretenden Verhaltensänderungen und äußerlich erkennbaren Veränderungen, woran dies liegen könnte. Es müssen gar keine großen Wesensänderungen oder deutlich sichtbare Ekzeme oder Ausflüsse sein, es können ganz subtil verlaufende Erscheinungen sein, die Sie aber von Anfang an nicht zur Seite schieben und vernachlässigen dürfen. Lieber gehen

Sie der Sache einmal zu oft nach, als vielleicht den Beginn einer Krankheit zu überspielen, die dann in einigen Fällen nicht oder nur sehr viel aufwendiger und somit auch kostenintensiver behandelt werden kann. Doch halten wir uns nicht an den Kosten auf, denn für Sie als verantwortungsbewussten Hundehalter ist die Gesundheit Ihres American Staffordshire Terriers das Maß der Dinge, nicht die Höhe der Arztrechnung.
Neben den Veränderungen an Ihrem American Staffordshire Terrier spielen noch andere Faktoren in eine direkte Vorsorge mit hinein. Dazu zählt ganz entscheidend Ihre Aufmerksamkeit und Ihr Gespür für gefährliche Situationen. Obwohl Hunden schon von Natur aus bestimmte Instinkte zur Gefahrenvermeidung mit in die Wiege gelegt werden, kennen sie kein Stadtleben, keine Autos, keine Elektrizität oder andere künstliche Gefahrenquellen. Hier ist es eindeutig an Ihnen, diese Gefahren für Ihren American Staffordshire Terrier zu minimieren und fahrlässige Situationen zu vermeiden. Achten Sie darauf, was Ihr Hund in die Schnauze nimmt, was er frisst, woran er riecht, womit er gerne spielt. Viele Dinge, die bei Ihnen in der Wohnung, im Haus oder im Garten herumliegen, sind für Sie keine Gefahr, können aber von Ihrem American Staffordshire Terrier verschluckt werden, ihm die Luft abschnüren oder im Magen-Darm-Trakt zu ernsthaften Problemen führen. Ebenso sind die wenigsten Süßigkeiten und schon gar keine chemischen Mittel für Hunde bestimmt – sie können davon schwer krank werden oder sogar sterben – nur weiß der Hund dies vorher meist nicht. Achten Sie genau darauf, was Sie wo herumliegen lassen und ob es für Ihren Hund erreichbar ist, wenn er denn unbedingt will. Welpen knabbern gerne an allen möglichen Dingen herum und Stromkabel sind da eine echte Gefahr. Im Kapitel „Erste Hilfe" finden Sie einige Anregungen, wie Sie diesen Gefahren begegnen können.
Neben den Vorkehrungen, die Sie im häuslichen Umfeld Ihres American Staffordshire Terriers treffen können, sind Vorkehrungen aus medizinischer Sicht nicht nur empfehlenswert, sie sind ein absolutes Muss. Ich spreche hier nicht von Gefahren, die von unserer technischen Zivilisation ausgehen, sondern von Krankheitserregern aller Art. Neben Impfungen gegen die häufigsten Krankheiten, auf die noch detailliert eingegangen wird, gehört hierzu auch das Wissen darum, wo die Krankheitserreger lauern und wie sich Ihr Hund anstecken kann. In Ihrem eigenen Interesse und in dem aller Hundehalter isolieren Sie Ihren infizierten Hund genauso, wie Sie es von anderen Hundehaltern erwarten. Achten Sie bei Ihnen unbekannten Hunden auf deren Äußeres und vermeiden Sie den Kontakt, wenn Sie offensichtliche Anzeichen der Verwahrlosung oder Krankheit erkennen.
Im Kapitel „Infektionen und Parasitosen" erfahren Sie genauer, wie die Infektionsketten der einzelnen Krankheiten verlaufen.

Impfungen

Es existieren heutzutage gegen einige der gefährlichsten Infektionskrankheiten gute Impfstoffe, die Ihren Hund

Impfschema der Grundimmunisierung

Zeitpunkt	Impfung gegen	Kommentar
6. Woche	Parvovirose Staupe	} Vorgezogen bei erhöhtem Infektionsrisiko
8. Woche	Parvovirose Staupe Hepatitis c.c. Leptospirose Zwingerhusten (Virushusten)	} wenn nicht bereits in der sechsten Woche generell möglich, empfohlen, wenn Ihr Hund zu Risikogruppe gehört
10. Woche	Parvovirose	Auffrischung, wenn bereits in der sechsten Woche das erste Mal geimpft wurde
12. Woche	Parvovirose Staupe Hepatitis c.c. Leptospirose Zwingerhusten (Virushusten)	Auffrischung, wenn bereits in der achten Woche das erste Mal geimpft wurde } Auffrischung, wenn bereits in der achten Woche das erste Mal geimpft wurde
ab 12. Woche	Tollwut	
jährlich	Parvovirose Leptospirose Tollwut Zwingerhusten Staupe Hepatitis c.c.	} Auffrischung

meist völlig von den pathologischen, also krankmachenden Folgen einer Infektion bewahren. Auch wenn nicht immer ein absoluter Impfschutz garantiert ist, ist der Krankheitsverlauf eines geimpften American Staffordshire Terriers immer leichter als der eines völlig ungeschützten Hundes.

Eine Impfung, und das ist wichtig zu verstehen, schützt nicht vor der eigentlichen Infektion, denn sie hindert die Krankheitserreger nicht, in den Körper einzudringen. Eine Impfung bereitet das Immunsystem des Geimpften nur auf den Erreger und seine Bekämpfung vor. In den Gedächtniszellen des Immunsystems sind nach der erfolgten Impfung nebst Auffrischung Antiköper gespeichert, die den jeweiligen Eindringling spezifisch bekämpfen können. Dazu muss der Erreger aber erst einmal in den Körper des Hundes gelangen. Die eigentliche Krankheit mit all ihren unangenehmen, im schlimmsten Fall tödlichen Wirkungen und Symptomen ist also nicht das Eindringen in den Körper, sondern die unkontrollierte Vermehrung der Erreger darin. Genau hier setzt das Immunsystem an, denn egal ob geimpft wurde oder nicht, bekämpft es die Erreger. Die Krankheit bricht nur dann aus oder endet tödlich, wenn das Immunsystem die Vermehrung der Erreger nicht stoppen kann. Der große und entscheidende Vorteil der Impfung liegt demnach darin, dass das Immunsystem bei Infektionskrankheiten, gegen die der Hund bereits einen vollständigen Impfschutz erworben hat, weiß, wie der Erreger zu bekämpfen ist. Die Antikörper, die durch die Impfung erworben wurden und die in den Gedächtniszellen gespeichert sind, können fast ohne Zeitverlust bereitgestellt und in vielfacher Kopie angefertigt werden. Dem Erreger bleibt weniger Zeit, sich in ausreichender und nicht mehr kontrollierbarer Menge zu vermehren.

Impfungen müssen in regelmäßigen Abständen wiederholt werden. Das abgebildete Impfschema fasst die empfohlenen Impfungen zusammen und gibt gleichzeitig den optimalen Zeitpunkt an. Etwas detaillierter werden die Impfungen in den jeweiligen Kapiteln über die Lebensabschnitte besprochen, in denen zu ihnen geraten wird.

Denken Sie dran!

Das Immunsystem der neugeborenen Welpen ist noch sehr schwach. Erste Antikörper erhalten die Welpen mit der Muttermilch, die Impfungen werden erst in der achten Woche durchgeführt. In dieser Phase achten Sie besonders darauf, womit sich Ihr Hund beschäftigt, um mögliche Infektionen zu vermeiden.

Wurmkuren

In regelmäßigen Abständen, mindestens halbjährlich, müssen Sie bei Ihrem American Staffordshire Terrier eine Wurmkur durchführen. Beim Tierarzt erhalten Sie Präparate, die gegen mehrere Wurmparasiten gleichzeitig wirken und einfach zu handhaben sind. Neben den routinemäßigen Kuren werden Sie diese natürlich auch bei jedem Befall mit Band-, Peitschen-, Haken- oder Rundwürmern sofort durchführen. Ebenso ist eine Wurmkur vor jeder Trächtigkeit und nach dem Werfen sowohl bei der Mutter als auch bei den Welpen notwendig, auch wenn diese zum Zeitpunkt der Befruchtung wurmfrei war. Die Larven einiger Wurmparasiten haben die Angewohnheit, verkapselt in der Muskulatur Dauerstadien zu bilden, die auf Grund der

In den ersten Lebensmonaten wird Ihr Hund fast täglich neue Entdeckungen machen. In dieser Phase ist es besonders wichtig, ihm auch die Möglichkeit zu seinen Entdeckungsreisen zu geben – natürlich immer unter Ihren wachsamen Augen. Foto: I. Francais

Welpen sind etwa bis zur dritten Lebenswoche recht hilflos. Erst ab der sechsten bis achten Woche unternehmen die Kleinen die ersten selbständigen Ausflüge.
Foto: Berger

veränderten Hormonzusammensetzung während der Schwangerschaft freigesetzt werden. Näheres hierzu finden Sie im Kapitel „Infektionen und Parasitosen". Nach diesen allgemeineren Informationen sehen wir uns nun die einzelnen Lebensabschnitte der American Staffordshire Terrier genauer an und Sie werden erfahren, was Sie von den ersten Wochen bis zu den letzten Tagen Ihres Vierbeiners zu beachten haben.

Im Alter bis acht Wochen

Nach überstandener Geburt müssen sich die frisch geborenen Welpen und die Mutter erst einmal erholen und benötigen Ruhe. So sehr Ihre Hilfe während der Geburt gebraucht wurde, so sehr hilft den Hunden nun eine Pause zum Entspannen und Kräftesammeln. Achten Sie in den folgenden Tagen sehr genau auf das Verhalten der Welpen und der Mutter. Gerade zu Anfang nehmen die Welpen stark an Gewicht zu und fühlen sich rund und wohlgenährt an. Bei besonders großen Würfen kann es sein, dass die Mutter nicht genügend Milch produziert. Natürlicherweise weisen dann nicht alle Welpen einen geringeren Gewichtszuwachs auf, sondern einige würden ganz auf der Strecke bleiben, wohingegen die stärkeren Welpen gut im Futter stehen. Zunächst sollten Sie versuchen, der Hündin durch hochwertiges und reichliches Futter zu einer höheren Milchproduktion zu verhelfen. Auch können Sie die Welpen in kleinen Gruppen von Hand an die Zitzen setzen und so eine bessere Kontrolle über die Milchaufnahme der einzelnen Hunde erreichen. Ferner beobachten Sie, ob die vorhandene Muttermilch auch wirklich von den Kleinen ausgetrunken wird. Erst wenn alle diese Bemühungen nicht fruchten, sollten Sie helfend einspringen und die Kleinen per Hand aufziehen. Geeignete Welpenmilch bietet Ihr Tierarzt oder der Fachhandel an.

Bleiben alle Welpen im Wachstum zurück und wirken unterernährt, hat die Mutter wahrscheinlich ernsthaftere Probleme mit der Milchproduktion oder leidet an einer Entzündung der Milchdrüsen. Fragen Sie Ihren Tierarzt um Rat, der die eindeutige Diagnose stellen kann. Im Krankheitsfall müssen Sie die Welpen von Hand aufziehen. Wichtig ist, dass die Welpen innerhalb der ersten 24 Stunden mit dem Saugen beginnen. Hierbei nehmen Sie neben den wichtigen Nährstoffen auch von der Mutter gebildete Antikörper auf und stärken so ihr eigenes, noch schwaches Immunsystem.

Leider enthält die Milch nicht nur Gutes, sondern in den meisten Fällen auch Wurmlarven, die während der Schwangerschaft freigesetzt wurden und sich vermehren konnten. Über 75 % der Welpen werden so mit Würmern infiziert und müssen deshalb entwurmt werden, ebenso das Muttertier. Da Sie die erste Tierarztuntersuchung besser nicht zu lange aufschieben, sondern die Jungen schon nach einer Woche routinemäßig untersuchen lassen sollten, kann Ihnen der Tierarzt hierbei gleich ein geeignetes Mittel verschreiben. Züchten Sie das erste Mal, so schreiben die Vereine eine Untersuchung nach der ersten Woche sogar zwingend vor. Die Wurmkuren müssen mehrmals wiederholt werden, bis die Welpen und die Mutter wieder wurmfrei sind, danach reicht eine etwa jährliche Prophylaxe. Ein starker Wurmbefall kann für Ihre Welpen tödlich enden und gerade Spulwürmer gehen auch auf den Menschen über.

In den ersten acht Wochen werden die Welpen zusehends kräftiger und aktiver. Sie beginnen, ihre Umgebung zu erforschen und werden an allem herumknabbern und alles Mögliche ausprobieren. So schön und interessant diese Zeit ist, so viele Gefahren birgt sie auch für die unerfahrenen Welpen und genau soviel Anstrengung steht Ihnen bevor. Die Kleinen sind natürlich nicht stubenrein und anfangs auch gar nicht in der Lage, den Bereich um die Mutter zu verlassen, achten Sie hier auf Sauberkeit. Zwar wird der erste Milchkot noch von der Mutter gefressen, mit Beginn der ersten Zufütterungen aber lässt sie die kleinen Haufen lieber liegen. Das richtige Leben beginnt für die kleinen American Staffordshire Terrier dann ab der sechsten bis achten Woche. In dieser Zeit müssen die ersten Impfungen erfolgen. Sollten Ihre Welpen schon jetzt Kontakt zu anderen Hunden haben, sind die Impfungen gegen Parvovirose und je nach Anraten des Tierarzts auch gegen Staupe zeitlich etwas vorzuziehen und die erste Immunisierung sollte schon in der sechsten Lebenswoche stattfinden.

Im Alter von acht bis sechzehn Wochen

Spätestens in der achten Lebenswoche muss eine gründliche Untersuchung der Welpen durch den Tierarzt erfolgen. Bei dieser Generaluntersuchung werden die langsam durchbrechenden Zähne auf ihre richtige Stellung kontrolliert, erste Anzeichen von Augenproblemen können sich zeigen, auch wird bei den Rüden kontrolliert, ob auch beide Hoden richtig in den Hodensack gewandert sind. Sind die Welpen topfit, werden bei dieser Gelegenheit gleich die notwendigen Schutzimpfungen verabreicht. Sollten die Welpen gegen Parvovirose und gegebenenfalls auch gegen Staupe noch nicht geimpft worden sein, werden diese werden und so werden die Welpen in der zwölften Lebenswoche nochmals gegen Parvovirose, Staupe, Hepatitis (H.c.c.) und Leptospirose geimpft. Zugleich werden sie das erste Mal gegen Tollwut geimpft. Wurden die Impfungen gegen Parvovirose und Staupe in die sechste Lebenswoche vorgezogen, so ist auch die Auffrischung gegen diese Erreger um zwei Wochen in die zehnte Lebenswoche vorzuziehen. Der Impfschutz gegen Toll-

Ab der fünften Woche wird der Züchter einen Besuch bei seinen Welpen erlauben. Ab der achten Woche können Sie Ihren Welpen frühestens vom Züchter übernehmen. Foto: Berger

Impfungen nun zusammen mit denen gegen Hepatitis (H.c.c.) und Leptospirose nachgeholt. Bei gefährdeten American Staffordshire Terrier wird Ihr Tierarzt zusätzlich zu einer Impfung gegen Zwingerhusten raten. Die Erstimmunisierung muss nach vier Wochen aufgefrischt wut wird dann in der sechzehnten Lebenswoche aufgefrischt. Die weiteren Auffrischungen dieser Grundimmunisierung finden nun jährlich statt. Die Einhaltung dieser Auffrischungen ist sehr wichtig für die Kontinuität des Impfschutzes und darf von Ihnen nicht vergessen werden. Manche Tierärzte bieten Ihnen an, Sie an die fälligen Auffrischimpfungen zu erinnern. Gerade die Tollwutauffrischung kann Ihrem Hund das Leben retten. Die gesetzlichen Bestimmungen in Deutschland schreiben die Tötung eines Hundes vor, dessen letzte Auffrischung länger als 365 Tage her ist, wenn er von einem tollwutverdächtigen Tier verletzt wurde. Dabei ist es egal, ob die Tollwut nachweislich übertragen wurde oder nicht! Schützen Sie sich und Ihren AmStaff vor dieser grausamen Situation, indem Sie regelmäßig bei Ihrem Tierarzt vorbeischauen.

Neben diesen medizinischen Maßnahmen, mit denen Sie den Grundstein für eine gesunde Zukunft Ihrer Welpen legen, ist der Zeitraum zwischen der achten und zwölften Lebenswoche aber noch durch eine andere, für das spätere Verhalten Ihrer American Staffordshire Terrier maßgebliche Phase bestimmt, die als Sozialisationsphase bezeichnet wird. In ihr lernen die Welpen im weitesten Sinne soziales Verhalten. Das bedeutet für Sie, Ihren Hund in möglichst viele neue Situationen zu bringen, in denen er den

Die jährlichen Impfungen sind für die Gesundheit Ihres Hundes sehr wichtig. Die modernen Impfstoffe schützen Ihren Hund wirksam vor vielen Infektionskrankheiten und sind in der Anwendung ungefährlich. Foto: I. Francais

Umgang mit Geräuschen, anderen Tieren – nicht nur Hunden – und anderen Menschen kennenlernen kann. Ab der achten Woche beginnt die Selbstständigkeit der Welpen. Sie lösen sich von der Mutter und machen ihre eigenen Erfahrungen. Es ist der Zeitpunkt, ab dem die Welpen verkauft werden dürfen. Die Welpen sind in dieser Lebensphase sehr abenteuerlustig und verspielt, aber auch sehr lernbegierig. Beginnen Sie mit der Erziehung der Welpen so schnell es geht, aber überfordern Sie die Kleinen nicht und seien Sie nachsichtig, wenn das Spielen und Entdecken momentan die Lust am Üben übersteigt. Erstes Ziel Ihrer Erziehung wird neben den Grundbefehlen des Auslassens, Sitz oder Platz die Stubenreinheit sein. Da die Grundimmunisierung bis zur zwölften Woche noch nicht abgeschlossen ist, müssen Sie bis dahin verstärkt auf den Umgang der Welpen achten. In keinem Fall aber dürfen Sie die Welpen bis dahin isolieren. Auch wenn die ersten Wochen im neuen Zuhause aufregend sind und es unendlich viel Neues zu entdecken gibt, ist auch der Umgang mit fremden Menschen wichtig, um später einen offenen, freundlichen American Staffordshire Terrier zu besitzen. Machen Sie Ihren Hund jetzt mit den anderen Haustieren bekannt. Sollten Sie die Anschaffung eines weiteren Haustiers planen, können Sie schon jetzt ein Zusammentreffen organisieren. Vielleicht besitzt einer Ihrer Bekannten eine Katze, die Sie Ihrem Welpen schon einmal zeigen können.

Es ist für den Welpen an der Zeit, die Welt des Menschen zu erkunden. Alltägliche Situationen, wie der Straßenverkehr, Auto fahren oder die öffentlichen Verkehrsmittel sind Dinge, an die sich der Kleine so schnell wie möglich gewöhnen sollte. Sie können ab der zwölften Woche auch beruhigt den einen oder anderen etwas längeren Spaziergang im Wald riskieren und auch das Zusammensein mit unbekannten Hunden ist nun, nach Erreichen der vollen Grundimmunisierung, kein größeres Wagnis mehr. Achten Sie jedoch besonders jetzt darauf, mit welchen Hunden Ihr American Staffordshire Terrier spielt, woran er schnüffelt und was er ins Maul nimmt. Auch wenn die Grundimmunisierung abgeschlossen ist, gibt es immer noch genügend andere Krankheitskeime, mit denen sich Ihr Welpe infizieren kann. Das Immunsystem ist noch nicht so weit wie bei einem erwachsenen Hund und auch leichtere Infektionen können so problematischere Krankheitsverläufe nach sich ziehen. Eine ganz andere Sorge kommt mit den ersten Ausflügen auf Sie zu: Ihr Hund könnte davonlaufen oder sich ganz einfach verirren. Dahinter muss keine böse Absicht oder der Wille nach Freiheit stehen, im Spiel mit anderen Hunden oder beim Erkunden unwegsamen Geländes ist dies manchmal schneller geschehen als gedacht. Erste Maßnahme ist natürlich auch hier die Vorsicht und ein ständig waches Auge. Sie müssen vor den ersten Ausflügen Ihren Hund genauso kennen wie er Sie. Auf Zuruf muss er zu Ihnen kommen, ansonsten sollten Sie ihn an unwegsameren, unübersichtlichen Stellen auf Ihrem Spaziergang lieber an die Leine nehmen. Leider lässt sich nicht jeder Unglücksfall im Vorhinein ausschließen und so müssen Sie weitere Vorsichtsmaßnahmen für den Fall treffen, dass Ihr American Staffordshire Terrier verloren geht.

Traditionell ist die einfachste Vorsorge das Halsband mit der Steuermarke, am besten zusätzlich noch mit der Anschrift und Telefonnummer der Besitzer. Achten Sie aber darauf, dass das Halsband nicht zu eng sitzt, wenn der Hund damit frei im Gelände herumläuft. Er muss sich, sollte er mit dem Band an Gestrüpp oder Ästen hängenbleiben, selbst daraus befreien können, um nicht Gefahr zu laufen, sich zu strangulieren. Leider ist eine Identifizierung nach dem Abstreifen des Halsbands nur noch durch den Besitzer selbst möglich.

Es gibt schon seit längerer Zeit die Möglichkeit, Hunden eine Erkennungsnummer tätowieren zu lassen, die sich meistens an der Innenseite des Ohrs befindet. Mit einer kleinen, lokalen Betäubung ist dieser Eingriff für die Welpen schmerzfrei. Teilweise wird die Tätowierung schon von den Züchtern vor der Abgabe der Welpen an die neuen Besitzer veranlasst. Die Nummer ist beim Zuchtbuchamt registriert, eine zentrale Registrierung ist Sache des Halters. Wird ein Hund in ein Tierheim gebracht, kann bei zentraler Registrierung schnell der Besitzer identifiziert und benachrichtigt werden. Achten Sie immer auf die gute Lesbarkeit der Nummer, die im Lauf der Zeit naturgemäß nachlässt und aufgefrischt werden muss.

Seit einiger Zeit verbreitet ist die Implantation eines Mikrochips unter die Haut, meist in der Region einer Halsseite. Der Chip ist etwa reiskorngroß und wird ohne Betäubung direkt unter die Haut verpflanzt. Mit einem entsprechenden Lesegerät kann so der Halter identifiziert werden. Da der Eingriff von außen nicht sichtbar ist, sollte der Hund in diesem Fall einen Verweis tragen, dass ein Mikrochip implantiert ist.

Sollte Ihr American Staffordshire Terrier einmal verloren gehen, informieren Sie Nachbarn und Tierheime in der Nähe des Unglücksorts, dies erhöht Ihre Chancen, Ihren Hund schnell wiederzubekommen.

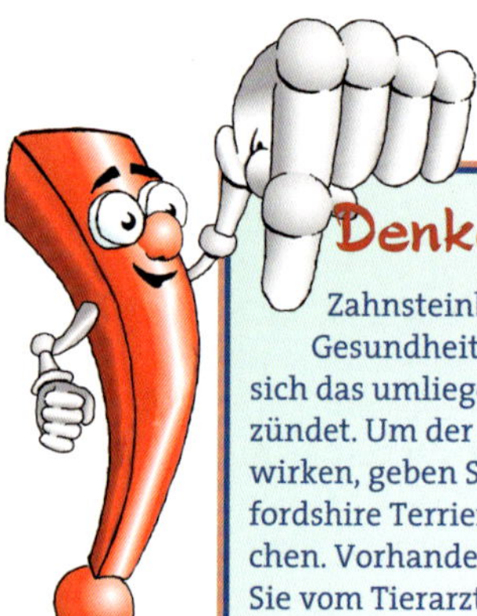

Denken Sie dran!

Zahnsteinbildung kann zum Gesundheitsproblem werden, wenn sich das umliegende Zahnfleisch entzündet. Um der Bildung entgegen zu wirken, geben Sie Ihrem American Staffordshire Terrier regelmäßig Kauknochen. Vorhandenen Zahnstein lassen Sie vom Tierarzt entfernen.

Im Alter von vier bis zwölf Monaten

Im Alter von sechzehn Wochen hat der Welpe alle Impfungen hinter sich und ist somit rundum geschützt. Weitere Untersuchungen auf HD und ED sind nun zuverlässiger und sollten im Alter ab zwölf Monaten durchgeführt werden.

Mit Vollendung des sechsten Lebensmonats hat Ihr American Staffordshire Terrier seine Milchzähne verloren und die bleibenden Zähne sind an ihre Stel-

Das Kupieren der Ohren und Ruten ist in Deutschland seit 1998 verboten. Sie sollten beim Kauf darauf achten, dass sich der Züchter wirklich an diese Bestimmung des Tierschutzgesetzes hält.
Foto: I. Francais

le getreten. Der Tierarzt wird kontrollieren, ob der Biss stimmig ist und keine Zahnfehlstellung vorliegt. Bei größeren Problemen, die, wenn überhaupt, durch die Fangzähne verursacht werden, müssen die fehlstehenden Zähne meist gezogen werden. Dies bereitet den Hunden keine größeren Probleme, denn die Jagd entfällt für sie und das Futter ist vorgekocht und zubereitet.

Das Thema Zahnhygiene ist leider eines der am wenigsten beachteten in der Hundehaltung. Gerade Zahnstein führt zu Zahnfleischentzündungen, die erhebliche Gesundheitsbeeinträchtigungen nach sich ziehen. Dabei ist ein ständiger, fauliger Mundgeruch noch das kleinste, wenn auch markanteste Übel. Zahnstein hat verschiedene Ursachen, die nicht zuletzt auch in einer ererbten Disposition liegen können. Sie haben aber verschiedenste Möglichkeiten, der Zahnsteinbildung entgegen zu wirken und diese zu behandeln. Zum einen kann die krankhafte Bildung von Zahnstein in einer falschen Ernährung schon im Welpenalter begründet liegen. Sorgen Sie dafür, dass Ihr American Staffordshire Terrier immer etwas zu knabbern bekommt, er kann so seine Zähne reinigen und sein Zahnfleisch stärken, das von der erhöhten Durchblutung profitiert. Spezielle Kauknochen oder andere Kaugegenstände erwerben Sie im Fachhandel oder direkt bei Ihrem Tierarzt. Sollte die Umstellung und Erweiterung der Ernährung alleine nicht helfen, haben Sie noch die Möglichkeit auf spezielle Zahnreinigungsmittel zurückzugreifen. Genau wie beim Menschen können Sie mit Zahnbürste und Zahnpasta das Gebiss Ihres American Staffordshire Terriers durch zwei- bis dreimaliges Putzen pro Woche reinigen und beginnende Ablagerungen, den sogenannten Plaque, die zu Zahnstein führen, entfernen. Bildet sich Zahnstein, so führt dieser zu Zahnfleischentzündungen, die zu Zahnfleischschwund und Taschenbildung führen können. Eine Behandlung durch den Tierarzt ist hier unvermeidlich. Besser ist es, wenn Sie regelmäßig mit Ihrem Hund zum Tierarzt gehen und den Zahnstein entfernen lassen, wenn Ihr Hund eine solche Veranlagung hat.

Ab einem Alter von sechs Monaten kann eine Kastration vorgenommen werden. Ob dadurch, wie oftmals behauptet wird, das Risiko, an verschiedenen Krebsarten zu erkranken, sinkt oder ob sich die Chance verringert, Probleme mit der Prostata zu bekommen, ist noch nicht schlüssig bewiesen und darf auf keinen Fall der alleinige Grund für eine Kastration sein. Diese darf bei Junghunden nur aufgrund einer medizinischen Indikation wie Hodentumoren oder beim Verbleiben der Hoden in der Bauchhöhle vorgenommen werden. Als Nebeneffekte der Kastration treten manchmal Veränderungen des Fells auf, das sich flauschiger, „welpenartig“ zeigt. Wesentlich geläufiger und zugleich problematischer sind jedoch die Folgen der Kastration vor Erreichen der Geschlechtsreife in Bezug auf die spätere Entwicklung. Gerade Gewichtsprobleme bis hin zur Fettleibigkeit, der durch eine spezielle kalorienarme Kost vorgebeugt werden muss, sollen hier nicht unerwähnt bleiben.

Im Alter von ein bis sieben Jahren

Ab einem Alter zwischen zwei und zweieinhalb Jahren gilt Ihr American Staffordshire Terrier als erwachsen und eine tierärztliche Grunduntersuchung bietet sich zu diesem Zeitpunkt an. Zeigen sich keine Probleme im Skelettaufbau, so ist mit ihnen jetzt auch nicht mehr zu rechnen. Des Weiteren wird der Tierarzt Augen und Ohren einer eingehenden Untersuchung unterziehen, die Organfunktionen prüfen, wobei ein spezielles Augenmerk auf Herz und Lungen gelegt wird, sich das Maul und den Rachenraum ansehen und gegebenenfalls eine weitere Entwurmung und die ersten

Auffrischimpfungen veranlassen. Er wird Sie als Halter nach Auffälligkeiten in den ersten zwölf Monaten befragen, um zu einem abschließenden Urteil über den Allgemeinzustand Ihres American Staffordshire Terrier zu kommen. Ein schon angesprochenes Thema wird Sie nun die nächsten Jahre begleiten – die Zahnhygiene, auf die Sie wirklich achten müssen. Lassen Sie Zahnstein regelmäßig entfernen und sorgen Sie auch in der Prophylaxe für ausreichende Maßnahmen.

Ansonsten bieten Sie Ihrem American Staffordshire Terrier soviel Abwechslung wie möglich. Er darf sich nicht langweilen und möchte täglich mehrmals an die frische Luft, zumindest einmal am Tag etwas länger. Überlegen Sie sich gut, ob Sie Nachwuchs aufziehen möchten, und erkundigen Sie sich am besten bei erfahrenen Züchtern nach den Voraussetzungen und der Arbeit, die mit der Hundezucht verbunden ist.

Der ältere American Staffordshire Terrier

Schon ab einem Alter von acht Jahren tritt Ihr American Staffordshire Terrier in seinen zweiten Lebensabschnitt. Sie werden ziemlich schnell bemerken, dass sich die anfänglichen Ruhepausen ausdehnen, längere Spaziergänge für den Hund immer anstrengender werden und er mit der Zeit bei normaler Fütterung etwas Speck ansetzt. Es wird Zeit, diesen Alterserscheinungen Tribut zu zollen und sowohl die Ernährung als auch die täglichen Aktivitäten der neuen Situation anzupassen. Die Spaziergänge werden kürzer, aber nicht seltener und das Futter wird auf eine altersgerechte Kost umgestellt. Selbstverständlich werden die medizinischen Untersuchungen im jährlichen Rhythmus beibehalten, wie auch die Auffrischimpfungen und gelegentlichen Wurmkuren. Hier und da besteht die Meinung, dass einem geschwächten Hund eine Impfung schadet, aber genau das Gegenteil ist der Fall. Natürlich wird kein Tierarzt einen kranken Hund durch eine Impfung zusätzlich belasten, aber hat sich Ihr American Staffordshire Terrier von der Krankheit erholt, stärkt jede weitere Impfung sein Immunsystem auch gegen andere Erkrankungen. Sie können in regelmäßigen Abständen, praktischerweise gleich bei den Jahresuntersuchungen, weitere medizinische Kontrollen veranlassen. So sollte nun auch das Blutbild untersucht werden, Urinproben ausgewertet und bei verdächtigen Symptomen ein EKG oder eine zusätzliche Röntgenaufnahme gemacht werden. All diese Vorsorgemaßnahmen sind mit Kosten verbunden, helfen aber, Krankheiten früh zu erkennen, schnell zu behandeln und somit heilen zu können. Sie ermöglichen Ihrem American Staffordshire Terrier so einen zufriedenen und gesunden Lebensabend. Nur dürfen Sie nicht davor zurückschrecken, ihn in aussichtsloser Situation von seinen Qualen zu befreien. Ihre Liebe und Zuneigung zeigen Sie ihm nun, indem Sie ihn bis zum Schluss begleiten. Ihr American Staffordshire Terrier wird es Ihnen danken und Sie werden sich später keine Vorwürfe machen, nicht alles für ihn getan zu haben.

Wann ist Ihr AmStaff krank?

	Gesunder Hund	Kranker Hund
Augen	klar	gerötet, trübe, ständiges Reiben mit den Pfoten
Nase	sauber	Ausfluss, eitrig verklebt
Ohren	sauber	verkrustet, Ausfluss, übler Geruch, ständiges Kratzen oder Kopfschütteln
Fell	sauber, stehend	struppiges Aussehen, Haarausfall eventuell mit Hautekzemen
Schleimhäute	rosafarben	blass rosa bis weißlich oder rot entzündet
Zahnfleisch	rosafarben, gut durchblutet	weißlich, rot entzündet, käsiger, übelriechender Belag
Bewegungsapparat	fließende Bewegungen	Lahmheit, Bewegungsunlust, Schmerzlaute, Schwierigkeiten beim Aufstehen
Verdauung	fester Kot, keine Verschmutzungen des Fells im Analbereich	Durchfall, verschmutzte Analregion, häufiges Erbrechen, anhaltende Verstopfung, keine Kotabgaben, aufgeblähtes Abdomen
Temperatur	normal, 37,5 bis 39 °C	zu hoch, zu niedrig
Verhalten	aufmerksam, aktiv, Futter- und Wasserkonsum normal	apathisch, unkonzentriert, unregelmäßiges Fressen, Futterverweigerung, erhöhtes Trinkbedürfnis, Rastlosigkeit, Winseln, erhöhtes Ruhe- und Schlafbedürfnis

Für Sie als verantwortungsbewusster Hundehalter muss die Gesundheit Ihres Hundes vorrangiges Ziel sein. Hierbei stehen die vorbeugenden Maßnahmen, wie im vorherigen Kapitel beschrieben, eindeutig im Vordergrund. Ist Ihr American Staffordshire Terrier trotz aller Vorsicht erkrankt, sollten Sie zunächst lernen, wie Sie schnell und problemlos eine erste Diagnose selbst stellen können, um dann entsprechend zu handeln. Da sich Krankheiten oftmals erst durch kleine Vorzeichen, sprich Veränderungen im Verhalten und den grundlegenden Körperfunktionen, ankündigen, bevor sie sich im Organismus ausbreiten, müssen Sie den „Status quo" Ihres American Staffordshire Terriers kennenlernen.

Die Körpertemperatur

Die Körpertemperatur Ihres Hundes liegt etwas über der von uns Menschen. Als normal gelten Körpertemperaturen zwischen 37,5°C und 39° C. Eine vertrauenswürdige Messung ist nur über den After möglich. Da Ihr American Staffordshire Terrier diese Prozedur nicht sonderlich gerne über sich ergehen lässt, empfehle ich Ihnen, ein digitales Thermometer zu erwerben, das die Temperatur nach wenigen Sekunden genau anzeigt. Vor der Messung fetten Sie die Thermometerspitze leicht ein. Zur Messung heben Sie die Rute Ihres Hundes an und führen das Thermometer ein. Halten Sie das Thermometer und die Rute während der gesamten Dauer der Messung fest. Sollte sich Ihr American Staffordshire Terrier sträuben, lassen Sie Ihn gehen und wiederholen den Versuch etwas später. Üben Sie das Fiebermessen mit Ihrem Hund, damit er und Sie sich mit den Handgriffen vertraut machen. Bei Flüssigkeitsthermometern sollte die Messung mindestens über 30 bis 60 Sekunden dauern, digitale Thermometer machen sich durch einen Ton am Ende der Messung bemerkbar.

Eine leichte Überhitzung kann nach körperlicher Anstrengung oder durch Aufgeregtheit entstehen, messen Sie zur Sicherheit später ein zweites Mal. Sollte der Wert sich auch dann nicht normalisiert haben, gehen Sie zu Ihrem Tierarzt. Fieber ist ein alamierendes Zeichen für innere Entzündungen und Infektionskrankheiten. Eine deutliche Unterkühlung sollte Sie auf jeden Fall alarmieren, gehen Sie schnellstmöglich mit Ihrem Hund zum Tierarzt.

Denken Sie dran!

Trotz allen Wissens, das Sie sich im Lauf der Jahre angeeignet haben, die endgültige Krankheitsdiagnose kann nur ein ausgebildeter Tierarzt stellen. Kaufen Sie keine Mittel nach eigenem Ermessen und brechen Sie verschriebene Behandlungen nicht ab, weil Sie keinen Sinn darin sehen. Vetrauen Sie Ihrem Tierarzt!

Das Kreislaufsystem und die Atmung

Bekanntlich zählen sowohl wir Menschen als auch die Hunde zu den Säuge-

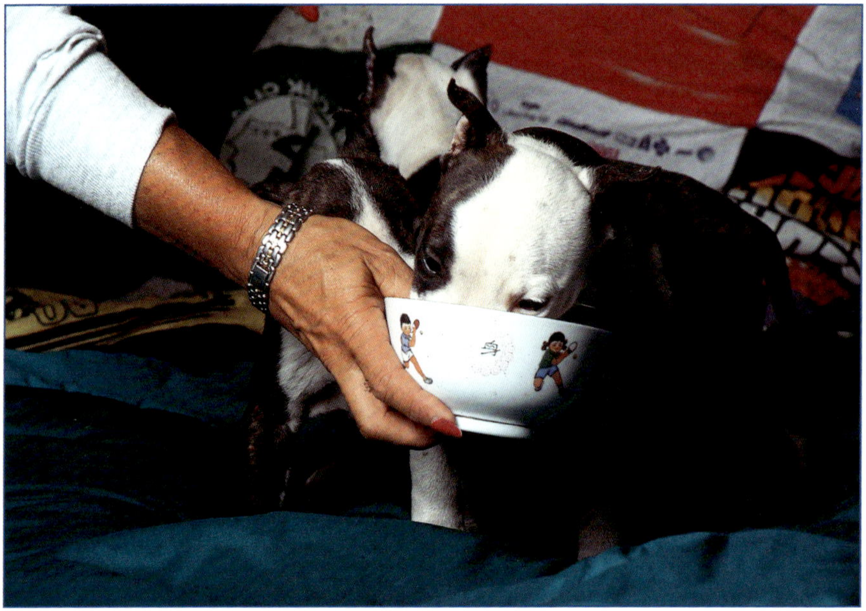

Sie merken Ihrem Hund schnell an, wenn etwas mit seiner Gesundheit nicht stimmt. Neben äußeren Anzeichen sind kranke Hunde schnell müde, leicht gereizt und fressen weniger. Gehen Sie umgehend zu einem Tierarzt und kümmern Sie sich aufmerksam um Ihren Kleinen.
Foto: I. Francais

tieren. Wir besitzen beide ein geschlossenes Kreislaufsystem, dessen Zustand sich vereinfacht über die Ihnen allen bekannten Werte Pulsfrequenz und Blutdruck beschreiben lässt. Den Blutdruck zu bestimmen, ist Sache des Tierarzts, die Pulsfrequenz können Sie selbst leicht feststellen. Pulsfrequenz und Herzschlag sind identische Werte, so dass Sie zur Bestimmung entweder direkt die Schläge des Herzens oder den Blutstoß in einer Arterie zählen können. Am besten fühlen Sie die Herzschläge direkt an der Brust, indem Sie Ihre Hand oder einzelne Finger auf den Brustkorb halten und solange fester drücken, bis Sie die Schläge deutlich fühlen können. Den Puls ertasten Sie am besten mit ein oder zwei Fingern an einer Oberschenkelarterie, die Sie an der Oberschenkelinnenseite finden. Beide Werte beziehen sich immer auf eine Messung über 60 Sekunden. Je länger Sie mitzählen, desto genauer ist Ihr Wert. Für gewöhnlich zählen Sie den Herzschlag oder Puls über einen Zeitraum von 15 Sekunden und multiplizieren den Wert dann entsprechend mit vier, um auf 60 Sekunden zu kommen. Normale Ruhewerte für American Staffordshire Terrier liegen bei etwa 80 bis 100 Schlägen. Sollten die von Ihnen gemessenen Werte deutlich abweichen, wiederholen Sie die Messung und vergewissern sich, dass Ihr Hund sich wirklich in einem Ruhezustand befindet. Ein erhöhter Pulsschlag ist normal bei Aufregung oder auch nach körperlicher Anstrengung. Bei zu niedrigem Puls sollten Sie lieber zu einem Tierarzt gehen und Ihren Hund genauer untersuchen lassen.

Die Atemfrequenz Ihres American Staffordshire Terriers können Sie sehr einfach an den Bewegungen des Brustkorbs erkennen. Immer wenn Ihr Hund einatmet, wird der Brustkorb größer und verkleinert sich beim Ausatmen. Die Atemfrequenz liegt bei Ihrem Hund bei etwa zehn bis zwanzig Atemzügen und wird wieder auf 60 Sekunden gerechnet, wobei Sie aufgrund der geringen Anzahl der Atemzüge besser eine ganze Minute mitzählen sollten. Auch hier ist die Ruhefrequenz zu bestimmen. Liegt der ermittelte Wert über den Angaben, schließen Sie bitte wieder eine Erregung oder vorherige Anstrengung des Hundes aus, ebenso kann nach einer Ruhephase die Atmung etwas langsamer sein. Stellen Sie sicher, dass Ihr Hund frei atmet und keine Verengung der Luftröhre oder Bronchien ihm zu schaffen macht. Sollte sich eine Abweichung nicht geben, suchen Sie mit Ihrem Hund den Tierarzt auf.

Die Durchblutung

Das dichte Fell der American Staffordshire Terrier macht es unmöglich, äußerlich einen Eindruck von der Durchblutung zu bekommen. Einzig ein Blick auf das Zahnfleisch hilft uns hier weiter. Es muss rosig sein und sich nach einem leichten Druck mit dem Finger schnell wieder färben. Sollte die Druckstelle länger als zwei Sekunden weißlich bleiben oder gar das gesamte Zahnfleisch von vornherein blass bis gelblich wirken, ist dies ein sicheres Zeichen für eine Anämie (Blutarmut), die auf den unterschiedlichsten Ursachen basieren kann. Es handelt es sich hier um ein sehr ernstes Krankheitszeichen und es ist mehr als wahrscheinlich, dass Ihr Hund schon früher erste Anzeichen einer Erkrankung gezeigt hat. Ein Tierarztbesuch ist nun unbedingt erforderlich.

Das Fell

Das kurze Fell Ihres American Staffordshire Terriers muss glänzen und darf keinesfalls stumpf, struppig oder filzig wirken. Ein gewisser Haarverlust ist normal, darf aber niemals zu kahlen oder sehr lichten Stellen führen. Ursachen für starken Haarausfall sind in aller Regel Stoffwechselprobleme mit oftmals ernstem Hintergrund.

Die Augen

Die Augen Ihres Hundes müssen klar sein und dürfen keine Anzeichen einer Trübung zeigen. Ein ständiger Tränenfluss ist ein Anzeichen für eine Verletzung oder Reizung des Auges. Eine etwas stärkere Verkrustung um die Augen ist kurz nach dem Schlafen normal, darf aber nicht ständig auftreten. Auch das ständige Kratzen an den Augen ist das erste Anzeichen einer Störung. Auch wenn Hundeaugen auf den ersten Blick das Weiße im Auge verbergen, achten Sie darauf, dass der Augapfel keine Rötungen und geplatzte Äderchen zeigt. Solche Veränderungen zeigen Ihnen Augenprobleme an.

Die Ohren

Zu Problemen an den Ohren und vor allem in den Gehörgängen neigen vor allem Hunde mit einer dichten Behaarung des Ohrs und hängenden Ohren. Die Ohren des American Staffordshire

Die Zahnpflege ist sehr wichtig. Neben geeigneten Kauspielsachen sollten Sie die Zähne Ihres AmStaffs ein- bis zweimal wöchentlich gründlich mit einer speziellen Hundezahnbürste und Zahnpasta reinigen.
Foto: Berger

Terriers werden hingegen sehr gut belüftet, so dass es nur selten Probleme mit Ohrmilben, anderen Parasiten oder Entzündungen gibt. Anzeichen für Probleme an den Ohren sind ein ständiger, starker Juckreiz und eine übermäßige Ohrschmalzproduktion.

Ein Tierarztbesuch kann meist schnell Abhilfe leisten und Ihren Hund vom lästigen Juckreiz befreien.

Die Zähne

Das Milchgebiss eines American Staffordshire Terriers besteht aus 28 Zähnen. Dabei weisen Ober- und Unterkiefer jeweils sechs Schneidezähne, zwei Fangzähne und sechs vordere Backenzähne auf, die alle dem späteren Gebiss weichen.

Das Dauergebiss besteht dann aus insgesamt 42 Zähnen, davon zwölf Schneidezähne (Incisivi), vier Fangzähne (Canini), sechzehn vordere (Prämolaren) und zehn hintere (Molaren) Backenzähne in Ober- und Unterkiefer. Nach dem Standard ist sowohl ein Zangen- als auch Scherengebiss erlaubt.

Das Hauptproblem der Mundhygiene bei vielen Hunden ist Zahnsteinbildung, die zu Zahnfleischentzündungen, Zahnfleischschwund und Geschwüren führen kann.

Die Verdauung und Nahrungsaufnahme

Kontrollieren Sie den Stuhl Ihres Hundes auf Veränderungen. Normal ist der Stuhl nicht zu fest, keinesfalls flüssig, nicht zu stark riechend und von meist dunklerer Farbe. Sollte der Stuhl Ihres American Staffordshire Terriers in seiner Konsistenz sehr variieren, über längere Zeit besonders flüssig, fest oder übel riechend sein, vielleicht sogar ausbleiben, liegen Verdauungsstörungen vor, die bestenfalls auf eine kürzlich erfolgte Futterumstellung zurückzuführen sind, meist aber die sichtbare Folge einer Darminfektion oder Darmverschlingung darstellen. Ebenso kann ein verändertes Fress- und Trinkverhalten auf Stoffwechsel- oder Darmprobleme hinweisen, wenn Ihr Hund beispielsweise deutlich mehr oder weniger trinkt oder auch mehr oder weniger frisst als gewöhnlich. Auch deutet eine schnelle Gewichtszu- oder -abnahme auf ernste Gesundheitsprobleme hin. Gehen Sie unbedingt zu einem Tierarzt, der eine genaue Diagnose stellen kann.

Der Bewegungsapparat

Achten Sie sehr genau auf die Bewegungen Ihres American Staffordshire Terriers. Nicht erst ein Humpeln oder Lahmen zeigt Ihnen Probleme an den Gelenken an. Viel früher schon können Sie bemerken, dass Ihr Hund bestimmte Bewegungen vermeidet, weil sie ihm weh tun. Oftmals können hier Gelenkentzündungen unterschiedlichster Natur vorliegen, über die Ihnen nur eine Röntgenuntersuchung die letzte Gewissheit geben kann. Wenden Sie sich bitte an Ihren Tierarzt.

Das Verhalten Ihres Hundes

Wenn Sie Ihren Hund einige Zeit besitzen, kennen Sie ihn und bemerken Ver-

Seien Sie bei allen Verhaltensänderungen und Verhaltensauffälligkeiten Ihres Hundes gewarnt. Ein Hund verhält sich meist nicht aus heiterem Himmel anders, sondern meist liegen die Ursachen in einer Erkrankung begründet.
Foto: Berger

änderungen in seinem Verhalten sehr schnell. Solche Veränderungen können auf den Lauf der Zeit und sein Älterwerden zurückgeführt werden, wenn er sich beispielsweise mit zunehmendem Alter weniger bewegen will oder etwas dicker wird. Kurzfristige Verhaltens- und Wesensänderungen deuten jedoch auf eine innere Ursache hin, eine Krankheit. Auch unseren Mitmenschen merken wir ein Unwohlsein meist schnell am veränderten Verhalten an, ohne sie länger untersuchen zu müssen. Sobald Sie den Verdacht haben, mit Ihrem American Staffordshire Terrier könnte etwas nicht stimmen, suchen Sie nach weiteren Krankheitssymptomen und gehen im Zweifelsfall zum Tierarzt.

Es gibt noch viele weitere Faktoren, die auf eine Erkrankung hindeuten. Wichtig für Sie und Ihren Hund ist, dass Sie sein normales Verhalten kennen und Veränderungen zu deuten wissen. Im Folgenden werden die Krankheiten ausführlicher beschrieben, die bei American Staffordshire Terriern häufiger auftreten können, oder zumindest in einigen Zuchtlinien Probleme bereiten. Alle hier aufgeführten Erkrankungen sind nicht auf Parasiten, Bakterien oder Viren zurückzuführen, über die im Kapitel „Infektionen und Parasitosen“ berichtet wird, sondern stellen Veränderungen dar, für die eine genetische Disposition vorliegen kann. Die letztliche Diagnose darf in jedem Fall nur der Tierarzt stellen. Betrachten Sie dieses Kapitel bitte nicht als Ersatz für den Tierarztbesuch!

Denken Sie dran!

Bei allen Veränderungen, die Sie sich nicht erklären können, besuchen Sie Ihren Tierarzt. Experimentieren Sie nicht herum oder spielen erste Warnzeichen herunter. Viele Krankheiten sind in ihrem Frühstadium heilbar, später jedoch lebensbedrohlich. Nebenbei sind erste Symptome meist wesentlich kostengünstiger behandelbar.

Hüftgelenksdysplasie (HD)

Die Hüftgelenksdysplasie ist eine Fehlentwicklung der Hüftgelenke, sie wird gebräuchlicherweise „HD“ abgekürzt. Unter den Dysplasien ist sie die häufigste Form, gefolgt von der Ellbogendysplasie. Die American Staffordshire Terrier haben als robuste mittelgroße Rasse damit weniger Probleme.

Bei der HD entwickeln sich Hüftpfanne und Oberschenkelkugel nicht passend zueinander, sie umschließen sich nicht und haben Spiel, was zu einer verstärkten Reibung und somit Abnutzung im Gelenk führt. Gerade bei einer beginnenden Arthrose führt dies zu starken Schmerzen. Dabei sind die Fehlstellungen unterschiedlicher Natur, entweder ist die Pfanne zu flach, die Kugel zu klein oder nicht rund. Je nach Stärke der HD wird diese in Deutschland in vier verschiedene Stufen eingeteilt. Dabei bedeutet HD null frei von HD, HD I ist HD-verdächtig und geht weiter bis HD III/IV für schwere HD. Diese Einteilung ist noch nicht international einheitlich, weshalb Sie unbedingt die regionalen Unterschiede berücksichtigen müssen.

Sie sehen einem Welpen nicht immer an, ob er wirklich gesund ist, denn manche Probleme – gerade im Skelettaufbau – zeigen sich erst im Lauf des Wachstums. Vereinbaren Sie auf jeden Fall einen Termin bei Ihrem Tierarzt innerhalb der ersten zwei Wochen nach der Übernahme zu einem gründlichen Gesundheitscheck!
Foto: Berger

Die HD zeigt sich durch Bewegungsvermeidung, -unlust und Lahmheiten der Hinterbeine, zunächst natürlich nur minimal, doch können Sie mitunter Beeinträchtigungen schon im fünften bis sechsten Lebensmonat feststellen. Eine genaue Untersuchung durch Röntgen ist erst beim ausgewachsenen Hund mit zwölf bis achtzehn Monaten sinnvoll. Meist zeigen sich die Symptome der HD erst in einem Alter von zwei Jahren, einem Zeitpunkt, wo jede Beeinflussung der Entwicklung zu spät kommt und nur noch die Symptome behandelt werden können. Deshalb ist es besonders wichtig, von Anfang an eine gesunde Welpenkost zu verfüttern. Meiden Sie unbedingt Futter mit einem hohen Protein- und Kaloriengehalt. Solche Hochleistungsnahrung führt zu einem unnatürlich schnellen Wachstum, welches Wachstumsdefiziten die Türen öffnet. Experimente mit verschiedenen Fettsäuren zeigen sehr positive Effekte auf die Entwicklung einer HD, fragen Sie Ihren Tierarzt nach den derzeit aktuellen Mitteln. Entwickelt sich bei Ihrem ausgewachsenen American Staffordshire Terrier trotz aller Vorsorge eine schwerere HD, so ist dies dennoch kein Grund zur Besorgnis. Das endgültige Krankheitsbild ist sehr vielseitig und die Schwere der Erkrankung hängt nicht zwingend mit dem Grad der HD zusammen. Es gibt Hunde mit leichten HD-Gra-

Dysplasien allgemein sind Entwicklungs- beziehungsweise Wachstumsstörungen. Auch wenn die HD eindeutig genetisch fixiert ist und somit vererbt wird, kann ihrer Entwicklung entgegengewirkt werden. In der Zucht bedeutet dies, möglichst nur mit HD-freien Hunden zu züchten, in der Hundeaufzucht bedeutet es, verstärkt auf die Ernährung und die Beanspruchung der heranwachsenden Hunde zu achten.

den, bei denen eine Operation die einzige Möglichkeit darstellt, das Leiden zu lindern, und es gibt Hunde mit schweren HD-Graden, bei denen jede Symptomatik fehlt. Hier zeigt sich, dass die eigentlichen Folgeschäden und nicht der HD-Grad an sich zu den Problemen führt. Natürlich prädestiniert eine hochgradige HD zu einem stärkeren und schnelleren Gelenkverschleiß, aber ein sorgfältiger Umgang mit der Erkrankung kann dem entgegenwirken. Neben der Umstellung der Ernährung, einem absoluten Vermeiden von Übergewicht schon beim heranwachsenden American Staffordshire Terrier achten Sie unbedingt darauf, was Sie Ihrem Hund an Aktivitäten zutrauen dürfen. Im Alter von bis zu zwölf Monaten müssen Sie jede Art von Gewaltmärschen oder belastenden sportlichen Aktivitäten unterbinden. Leidet Ihr Hund unter den Folgen der HD, gibt es verschiedene medizinische Möglichkeiten der Behandlung, von einer medikamentösen Schmerzbehandlung bis zu einem chirurgischen Eingriff. Die jeweils sinnvollste Maßnahme entscheiden Sie zusammen mit Ihrem Tierarzt.

Ellbogendysplasie (ED)

Die Ellbogendysplasie, kurz ED genannt, ist eine genetisch fixierte Entwicklungsstörung des Ellbogengelenks. Das Ergebnis ist ein instabiles Ellbogengelenk, geschädigt durch eine degenerierte Elle. Es kommt zu einem stufenartigen Gelenk, da Elle und Speiche nicht die gleiche Länge besitzen.

Erste Anzeichen sind eine plötzliche Lahmheit und Bewegungsvermeidung der Vorderbeine, die sich durch vermehrte Belastung verschlimmert. Diese Anzeichen können sich bei betroffenen Welpen schon im Alter von nur sechs Monaten oder gar früher zeigen. Eine eindeutige Diagnose kann erst nach abgeschlossenen Wachstum im Alter von etwa zwölf bis achtzehn Monaten erfolgen. Sollte eine Osteochondrose, Knorpelabsplitterung, festgestellt werden, so ist ein operativer Eingriff vor dem Eintreten körperlicher Beeinträchtigung sinnvoll. Gerade bei einem Absplittern vorstehender Knochenteile der Elle ist eine Operation unumgänglich, um die störenden Splitter zu entfernen. Letztlich muss abgewogen werden, welche Behandlung Ihrem Hund am besten hilft. Neben verschiedenen neueren Behandlungsmethoden werden die betroffenen Gelenke vieler Hunde immer noch ruhig gestellt oder die Schmerzen und Entzündungen mit Tabletten behandelt. Welche Behandlungsweise für Ihren Hund die beste ist, können Sie letztendlich nur zusammen mit Ihrem Tierarzt herausfinden, denn jeder Hund spricht unterschiedlich auf die Mittel an und jede ED ist genau wie jede HD von Fall zu Fall sehr unterschiedlich in ihrer letztlichen Auswirkung.

Für die ED-Vorsorge gilt das Gleiche wie für die HD. Eine gesunde Welpenkost mit einem Proteinanteil unter 22% ist genauso wichtig wie eine nur mäßige Beanspruchung der Gelenke, wobei Gewalt- und Dauermärsche auf jeden Fall vermieden werden müssen.

Osteochondrose (OCD)

Bei der Osteochondrose handelt es sich um eine Knorpel-Erkrankung, bei der sich der Knorpel an den Gelenken nicht richtig mit dem Knochen verbindet.

Auch ein AmStaff kann unter den Folgen einer HD leiden. Nur durch strenge Zuchtvorschriften kann dieses Erbleiden kontrolliert werden.
Foto: Berger

Bei der Osteochondrose lösen sich Knorpelzellen vom Gelenkknochen, die sich im Gelenk vergrößern und so zu schmerzhaften Problemen durch Entzündungen bei jeder Bewegung sorgen. Die Osteochondrose trifft junge Hunde, bei denen die Skelettentwicklung noch nicht abgeschlossen ist und somit dieses fehlerhafte Wachstum noch möglich ist.

Die Ursachen der Osteochondrose sind unterschiedlich und reichen von Verletzungen bis zu genetisch fixierten Vorschädigungen und Ernährungsdefiziten. Die labilen Knorpelbereiche sind besonders anfällig für Verletzungen und Sie sollten Ihren Hund, wenn er diese Krankheit hat, nicht zu wild herumtoben lassen. Erste Symptome können schon in einem Alter von nur sieben Monaten auftreten. Die Welpen beginnen plötzlich zu lahmen und bewegen sich aufgrund der Schmerzen gehemmt. Typischerweise werden das Ellbogen-, Schulter-, Knie- und Sprunggelenk befallen, eine Erkrankung der Hinterläufe heilt oftmals spontan von selbst aus.

Die Behandlung ist möglich, die Art und Weise wird jedoch kontrovers diskutiert. Klassisch ist das Stillegen der entzündeten Gelenke und die Gabe von

American Staffordshire Terrier aus verantwortungsvoller Zucht sind gesunde Hunde. Es gibt wenige rassespezifische Erkrankungen. Dennoch sind auch die AmStaffs nicht gegen Probleme immun, die Hunde generell treffen können. Zu diesen typischen Leiden, deren Ursache nicht immer geklärt werden kann, gehört auch die Epilepsie. Foto: I. Francais

schmerzstillenden Mitteln, was auf Dauer die Entzündung beseitigt, jedoch das eigentliche Problem der fehlgewachsenen Knorpel nicht beseitigt. Im Frühstadium der Erkrankung ist eine Operation vielversprechend und die Hunde leben hernach beschwerdefrei. Die Antwort, welche Behandlung die bessere ist, kann ich nicht allgemein geben, da verschiedene Hunde unterschiedlich gut auf die jeweilige Maßnahme reagieren. So profitieren die einen von einer medikamentösen Behandlung, während anderen nur durch eine Operation geholfen werden kann.
Die eindeutige Diagnose kann bei der Osteochondrose nur durch eine Röntgenaufnahme gestellt werden. Sollte sich bei Ihrem Hund der Verdacht bestätigen, empfiehlt sich eine Aufnahme aller gefährdeten Gelenke, um so präventiv tätig werden zu können.

Epilepsie

Epilepsien sind Störungen des zentralen Nervensystems. Sie können durch die verschiedensten Ursachen ausgelöst werden, so beispielsweise durch organische Schäden, Schäden am Gehirn oder auch durch Stoffwechselkrankheiten und Vergiftungen.
Das Krankheitsbild ähnelt dem des Menschen, wobei die Anfälle bei American Staffordshire Terriern teils sehr schwer verlaufen und manchmal auch so schwach, dass sie vom Halter nicht bemerkt werden. Allerdings gibt es auch Fälle, in denen der einzelne Anfall vielleicht nicht sehr intensiv ist, dafür aber mehrere Anfälle pro Tag durchlebt werden müssen. Die Behandlung richtet sich hierbei sehr nach der Ursache, die es unbedingt zu ergründen gilt. Oftmals ist jedoch kein direkter Schaden des Gehirns oder durch einen Stoffwechselfehler feststellbar und so lautet die Diagnose idiopathische, also angeborene Epilepsie. Besorgniserregend ist sicher jeder Anfall, ein größeres Leiden ist jedoch erst dann anzunehmen, wenn die Anfälle regelmäßig und in stärkerer Form auftreten. Der Verlauf eines Anfalls kann dabei grob in drei Phasen unterteilt werden.
In der ersten Phase, dem nahenden Anfall, wird Ihr Hund unruhig, ängstlich und zeigt ein allgemein verändertes, auffälliges Verhalten. Die Dauer dieser Phase ist von Hund zu Hund und Anfall zu Anfall sehr unterschiedlich und lässt sich nicht generell einschränken. Manchmal findet sich vor einem Anfall auch kein sichtbares Anzeichen für das Nahen.
Nun folgt der eigentliche Anfall, der von seiner Dauer und Intensität sehr unterschiedlich ausfallen kann. Manchmal bemerken Sie vielleicht kaum etwas, Ihr American Staffordshire Terrier bleibt nur kurz verkrampft stehen oder zittert leicht, in anderen Fällen kann der Anfall aber auch wesentlich vehementer ablaufen. Schlimmstenfalls dauert ein Anfall einige Minuten und ist begleitet von schweren Krämpfen in den Gliedmaßen, dem Maul und dem gesamten übrigen Körper. Es kann zu Bewusstseinverlusten kommen, die nur kurz, in Etappen oder den gesamten Anfall hindurch anhalten. Es folgen hierauf mitunter starke Bewegungen der Extremitäten, Ihr Hund verliert die Kontrolle über seinen Darm und seine Blase, er sabbert stark und beruhigt sich nur langsam wieder.

Nun schließt sich die letzte Phase an, die auch als Post-Iktus bezeichnet wird. Es ist die Erholungsphase nach dem Anfall, deren Länge und Intensität sich von nur wenige Sekunden über einige Minuten und Stunden bis zu mehreren Tagen ausdehnen kann.

Die Behandlung der Epilepsie erfolgt medikamentös und erfordert sowohl ein gutes Zusammenspiel mit Ihrem Tierarzt, als auch eine gewisse Ausdauer. Genauso vielfältig, wie die Ursachen für die Epilepsie sein können, so unterschiedlich sind auch die Behandlungsmöglichkeiten und nicht jeder American Staffordshire Terrier spricht auf die gleiche Behandlung mit dem gleichen Erfolg an. Gerade die richtige Dosierung des geeigneten Medikaments ist oft nur durch Versuch und Fehlversuch möglich. Ist jedoch das richtige Präparat in richtiger Dosierung gefunden, so besteht auch in schwereren Fällen die Aussicht auf ein anfallfreies Leben.

Viele Krankheiten können von den Elternhunden auf ihre Nachkommen vererbt werden. Es ist deshalb sehr wichtig, sich beim Welpenkauf auch gründlich über deren Gesundheit zu informieren. Foto: Berger

Narkolepsie

Die Narkolepsie ist ein genetisch fixiertes Problem und zeigt in ihrer Symptomatik spontan auftretende Schlafanfälle. Von ihrem Auftreten und Erscheinungsbild her scheint die Narkolepsie eine Anfallserkrankung zu sein, die eng mit der Epilepsie verbunden ist. Eine besondere Häufung der Schlafanfälle lässt sich nach den Mahlzeiten und bei besonderer Aufregung feststellen. Erste Symptome zeigen junge Hunde schon im Alter von 20 Wochen. Es besteht die Möglichkeit einer Medikamentenbehandlung, die im Einzelfall gut anschlägt, jedoch darf nicht vergessen werden, dass genetisch belastete Hunde von der weiteren Zucht ausgeschlossen werden müssen, um einer Verbreitung vorzubeugen.

Grauer Star (Katarakt)

Unter dem Begriff „Grauer Star“ werden alle Erkrankungen zusammengefasst, die in ihrer letztlichen Symptomatik eine rauchige oder milchige Trübung der Augenlinse in unterschiedlich starkem

Ausmaß zeigen. Bei American Staffordshire Terriern ist dieses Krankheitsbild vor allem als Altersstar bekannt.
Der Graue Star, egal welcher Form, führt immer zu einer Veränderung des Linsengewebes, es trocknet aus oder trübende Produkte werden eingelagert. Obwohl der Graue Star meist nicht zu einer völligen Erblindung führt, ist die Beeinträchtigung des Sehvermögens gerade im fortgeschrittenen Stadium und bei beidseitigem Befall sehr stark.
Die Diagnosestellung ist relativ einfach, denn die Symptomatik der Linsentrübung ist auch ohne großen Apparateeinsatz leicht feststellbar.
Die Behandlungsmöglichkeiten beim Grauen Star beschränken sich leider auf einen operativen Eingriff, denn die getrübte Linse kann medikamentös nicht wieder hergestellt werden. Umso wichtiger ist es abzuwägen, wann eine Staroperation Sinn macht. Zunächst sollten Sie sicher gehen, dass die Retina des geschädigten Auges voll funktionsfähig ist, denn ansonsten wäre jede Staroperation sinnlos. Ein einseitiger Grauer Star muss nicht operiert werden, Ihr Hund ist bestens in der Lage, auf die volle Sehkraft des einen Auges zu verzichten. Sind beide Augen stark geschädigt und ist Ihr Hund noch nicht sehr alt, sollten Sie sich zu einer Operation zumindest eines Auges entschließen. Hierbei können mittlerweile auch künstliche Linsen in das Auge eingesetzt werden, die Ihrem Hund beinahe zu alter Sehleistung verhelfen. Bei älteren American Staffordshire Terriern, deren Bewegungsdrang und Aktionsradius schon eingeschränkt ist, kann die Beeinträchtigung des Augenlichts gut durch die anderen Sinnesleistungen ersetzt werden. Hier sollten Sie die Belastungen des älteren Hundes durch eine Operation und die damit verbundenen Risiken höher einschätzen als den Vorteil des verbesserten Sehvermögens.

Denken Sie dran!

Jeder Hund kann erkranken. Die Behandlungen können im Zweifelsfall teuer und langwierig werden. Sie erfordern nicht nur Opfer von Ihrem Hund, sondern auch von Ihnen. Bevor Sie sich einen Hund anschaffen, sollten Sie sich diese Seite der Hundehaltung bewusst machen und bereit sein, die Verantwortung zu übernehmen.

Schilddrüsenunterfunktion

Die Unterfunktion (Hypothyreose) ist die häufigste Erkrankung der nur zwei bis drei Zentimeter großen Schilddrüse und die häufigste Drüsenerkrankung bei American Staffordshire Terriern allgemein. Dies soll nicht heißen, dass die Hunde häufig an Schilddrüsenerkrankungen leiden, sie stellt nur insgesamt bei Hunden ein häufiges Leiden dar und soll deshalb auch hier nicht unerwähnt bleiben.
Die Schilddrüsenunterfunktion kann angeboren oder erworben sein. Typischerweise tritt sie erst ab einem Alter von zwölf Monaten ein und resultiert in einer Unterproduktion der Schilddrüsenhormone, vor allem des Stoffwechsel-

Der jährliche Tierarztbesuch ist wichtig für Ihren Hund. Manche Hundekrankenversicherungen tragen die Kosten für diese Routineuntersuchung sogar anteilig. Foto: I. Francais

hormons Thyroxin. Je nachdem in welchem Lebensabschnitt die Unterfunktion auftritt, können die Symptome und Folgen für Ihren Hund sehr unterschiedlich sein. Welpen mit angeborener Schilddrüsenunterfunktion sind oft nicht lebensfähig, werden tot oder mit einem Kropf geboren und sterben meist kurz nach der Geburt. Tritt die Unterfunktion in der Wachstumsphase Ihres American Staffordshire Terriers auf, so zeigt sich ein auffällig verlangsamtes Wachstum, bei dem oftmals die Körperproportionen nicht mehr übereinstimmen. Am auffälligsten ist hierbei die Verkürzung der Extremitäten und der Wirbelsäule. Eine Hypothyreose beim erwachsenen Hund zeigt sich an vielfältigen Symptomen, die in unterschiedlichen Konstellationen auftreten können. Da zu wenig des Stoffwechselhormons gebildet wird, ist der Stoffwechsel verlangsamt und Ihr Hund wirkt unlustig und träge. Oft fallen den betroffenen Hunden die Haare büschelweise, manchmal symmetrisch zunächst auf dem Nasenrücken und an der Kruppe aus. Sie beginnen bei gleicher Ernährung zuzunehmen, da sich Wasser im Gewebe einlagert.

Die Gesunderhaltung seines Hundes muss für jeden verantwortungsbewussten Hundehalter im Mittelpunkt seines Interesses stehen.
Foto: Berger

Bei den genannten Symptomen sollten Sie schnell einen Test beim Tierarzt machen lassen, denn eine Behandlung ist einfach durch das Zufüttern des fehlenden Hormons in ausreichender Menge möglich. So können Sie sowohl Wachstumsstörungen entgegenwirken als auch Ihrem Hund ein völlig normales Leben ermöglichen.

Autoimmunerkrankungen

Autoimmunerkrankungen, die auch als immunvermittelte Krankheiten bezeichnet werden, sind ursächlich auf eine Fehlfunktion des körpereigenen Immunsystems zurückzuführen. Hierbei wendet sich die Körperabwehr nicht gegen fremde Zellen und Organismen, sondern übermäßig gegen Zellen des eigenen Körpers. Autoimmunerkrankungen können alle Organe, verschiedene Bestandteile des Bluts, das Bindegewebe, häufig die Gelenkknorpel und die Haut treffen.

Die Ursache für die Zerstörung körpereigener Zellen durch Immunzellen ist zunächst durchaus natürlich. Wird eine Zelle zum Beispiel von einem Virus befallen, so zeigt diese Zelle, sehr vereinfacht gesagt, dem eigenen Körper an, dass sie infiziert ist, und wird von Makrophagen, den bekannten Fresszellen, verdaut. Krankhaft wird dieser Mechanismus erst, wenn gesunde Zellen zerstört werden, das Immunsystem also nicht mehr zwischen gesund und krank oder körpereigen und körperfremd unterscheiden kann. Die Ursachen hierfür sind verschieden, liegen jedoch meist in einer Veränderung der Zelloberfläche, die durch Bakterien, Viren oder andere chemische Stoffe ausgelöst wird, obwohl, und hier liegt der große Unterschied, die Zelle an sich nicht krank ist.

Die Veränderungen der Haut in Form von Schuppen und Geschwüren, welche zu starkem Juckreiz führen können und die im weiteren Verlauf zu einem starken Abtrag der oberen und später auch tiefer gelegenen Hautschichten führen, bilden tiefe Wunden und treten vor allem am Kopf und den Übergängen von Haut zu Schleimhaut auf. Die offenen Wunden bieten Sekundärinfektionen eine leichte Eintrittspforte in den Hundeorganismus. Bekannt sind hier vor allem Pemphigus vulgaris und Lupus erythematodes.

Zu rheumatischen Erscheinungen kommt es, wenn sich die fehlgeleitete Immunabwehr gegen die Gelenkknorpel richtet.

Die Heilungschancen sind bei den Autoimmunerkrankungen allgemein nicht sehr günstig und gerade die häufiger auftretenden Hauterkrankungen können meist nur symptomatisch durch die Gabe hoher Kortikosteroiddosen behandelt werden.

In jedem Fall müssen Sie sofort einen Tierarzt aufsuchen, der die Behandlung, die Sie und Ihren Hund meist bis zu seinem Tod begleitet, in die Hand nimmt.

Magendrehung, Aufgeblähtheit

Eine Magendrehung ist keine seltene und zudem noch eine sehr gefährliche Erkrankung. Sie kann prinzipiell jeden Hund treffen, doch sind die großen Rassen gefährdeter als die kleinen und trifft es eher ältere Hunde ab sechs Jahren als jüngere. American Staffordshire Terrier gehören zu den gefährdeten Rassen.

Die Symptomatik ist glücklicherweise recht spezifisch und Sie können eine Notfallsituation schnell selbst erkennen. Ihr Hund zeigt zunächst vorsichtige Versuche, sich zu erbrechen, ohne dass dabei wirklich große Mengen Flüssigkeit und Nahrung erbrochen werden können. Zum schnellsten Handeln sind Sie spätestens gezwungen, wenn Sie einen unnatürlich aufgetriebenen Vor-

Die Magendrehung ist ein Problem vor allem großer Rassen mit einem tiefen Brustkorb. Wenn Sie Ihrem Hund vor und nach dem Mahlzeiten jeweils eine Stunde Ruhe gönnen, reduzieren Sie das Risiko dieser Erkrankung sehr.
Foto: I. Francais

derbauch bei Ihrem Hund beobachten, er unruhig ist und schnell und flach atmet. Es kann in der Folge zu Kreislaufversagen und Schock kommen. Schnellste ärztliche Hilfe ist notwendig, da besonders schwer erkrankte Hunde innerhalb einer Stunde durch den begleitenden Schock sterben können.

Das pathologische Krankheitsbild zeigt immer eine Magenüberdehnung durch Aufgeblähtheit, wobei der Magen selbst mehr oder weniger stark um die eigene Achse verdreht ist. Die Blähung hat ihre Ursache in einem unkontrollierten Luftschlucken des Hundes und ist nicht die Folge von Verdauungsgasen, die nicht mehr entweichen können. Strittig ist noch, inwieweit die Magenverdrehung tatsächlich mit der Futteraufnahme zusammenhängt, ob sie sich erst durch schnelles, unkontrolliertes Fressen und damit verbundenes Schlucken von Luft entwickelt, oder ob sie bereits vor der Aufgeblähtheit existierte und sich durch diese erst noch verschlimmert. Wie dem auch sei, die Folge kann schnell der Tod Ihres American Staffordshire Terriers sein. Durch die Drehung des Magens verschließen sich nämlich nicht nur der Magenein- und -ausgang, sondern auch die im Magen verlaufenden Blutgefäße; zusätzlich wird die Milz abgeklemmt. Als Folge ist eine große Menge Blut in Magen und Milz eingeschlossen und es kann zu Kreislaufversagen und schockähnlichen Zuständen kommen. Ebenfalls werden große Bereiche des Magens nicht mehr ausreichend durchblutet und sterben ab.

Die Hilfe des Tierarzts ist eine sofortige Operation, in deren Verlauf zunächst die Luft durch Punktion abgelassen wird, anschließend wird der Magen „entdreht“, die abgestorbenen Teile entfernt und vernäht werden. Als Prophylaxe kann der Magen, meist in schweren Fällen oder wenn der Hund schon einmal eine Magenverdrehung hatte, mit wenigen Stichen an der rechten Bauchwand befestigt werden, um ein erneutes Verdrehen zu verhindern. Eine typische Folge selbst bei ansonsten glatt verlaufenden Operationen sind Herzrhythmusstörungen. Am besten lassen Sie Ihren Hund nach einer solchen Operation noch etwa drei bis vier Tage zur Beobachtung im Krankenhaus. Sollten weitere Komplikationen ausbleiben, sind die Chancen für Ihren Hund sehr gut; die Fixation des Magens hält im besten Fall mehrere Jahre.

Prophylaktisch sollten Sie sich an die im Kapitel „Ernährung“ gegebenen Futterregeln halten. Obwohl ein Zusammenhang zwischen den Fressgewohnheiten und der Magenverdrehung noch nicht eindeutig wissenschaftlich belegt wurde, so deutet doch vieles darauf hin, dass hastiges Fressen, Luft schlucken und große Portionen eine Magendrehung begünstigen. Lassen Sie Ihren Hund auch nach dem Fressen erst einmal eine Stunde ruhen, bevor er wieder toben darf.

Im täglichen Hundeleben ist der Befall durch Parasiten eines der größten Gesundheitsrisiken. Die Schäden, die Flöhe, Läuse oder Zecken als Ektoparasiten anrichten können, sind nicht zu unterschätzen. Zwar ist eine Zecke schnell entfernt oder auch ein Flohbefall schnell bekämpft, die Infektionskrankheiten, die diese Parasiten aber übertragen können oder denen sie durch ihre Stiche oder Bisse die Pforte öffnen, können zu ernsthaften Gesundheitsproblemen bei Ihrem American Staffordshire Terrier führen. Der sicherste und kostengünstigste Schutz ist auch hier die Vorsorge und Vermeidung von Gefahrensituationen, mit der sich dieses Kapitel beschäftigt. Auch zeige ich, wie Sie Ihrem American Staffordshire Terrier im Falle einer Infektion oder Bevölkerung durch Parasiten wirksam helfen können.

Flöhe

Anzeichen für einen Befall mit Flöhen ist ein ungewohnt starker Juckreiz. Die Einstichstellen der Flöhe sind beim Hund meist nicht erkennbar, aber die Flöhe selbst sind einige Millimeter groß und können von Ihnen auch mit dem bloßen Auge entdeckt werden. Als weiteres, typisches Merkmal sehen Sie den Kot der Flöhe – kleine, schwarze Kügelchen. Die Flöhe selbst halten sich bevorzugt an den wärmeren Körperstellen wie Schenkelinnenseiten, Ohren und Achseln auf. Der Flohbefall an sich ist für Ihren Hund allenfalls lästig, jedoch bringen die Flohstiche einige sehr unangenehme Folgen mit sich. Manche Hunde reagieren alleine auf den Flohstich und den eingetragenen Speichel so allergisch, dass durch das ständige Kratzen offene Wunden entstehen, die Sekundärinfektionen verschiedenster Art die Tür öffnen. Bevorzugt wird natürlich der in der Umgebung der Wunde abgelegte Flohkot eingerieben. Als erstes wird man versuchen, die Flöhe selbst zu beseitigen. Eine Behandlung der Flohallergie in Form einer Desensibilisierung ist nicht möglich. Die Behandlung allergischer Hunde besteht zusätzlich zu den normalen Maßnahmen in einer Behandlung des auftretenden Juckreizes, meist durch kortisonhaltige Präparate. Der Floh selbst ist Überträger des Gurkenkernbandwurms.

Denken Sie dran!

Flöhe können Ihren Hund zur Verzweiflung bringen. Es gibt aber wirksame Gegenmittel, die sowohl gegen die Flöhe als auch gegen ihre Eier wirken. Sprechen Sie die Anwendung genau mit Ihrem Tierarzt ab, da die Mittel, falsch dosiert, auch schädlich sein können. Kaufen Sie kein Mittel, das Sie nicht kennen!

Adulte Flöhe halten sich nur die kürzeste Zeit ihres Lebens wirklich auf einem Hund auf. Die Floheier, Larven und Puppen sind überhaupt nicht am Hund zu finden, sie leben hauptsächlich an den bevorzugten Aufenthaltsorten des Hundes und ernähren sich dort von Flohkotresten und Hautschuppen. Nur adulte, weibliche Flöhe brauchen zur Entwicklung Blut. Dies ist wichtig zu wissen, wollen Sie die Parasiten auf Dauer vertreiben. Die Bekämpfung muss sich immer auf den Hund und sein Umfeld beziehen. Leider ist der Floh im Notfall bei seinem Wirt nicht sehr wählerisch und kann auch auf den Menschen übertreten. Die Behandlungsmethoden sind inzwischen sehr effektiv und geeignete Mittel bei Ihrem Tierarzt erhältlich. Am gebräuchlichsten sind Shampoos und Sprays für den Hund und verschiedene Pulver für die Bekämpfung an den Lagerstätten und Aufenthaltsorten Ihres Hundes. Die Mittel unterscheiden sich in ihrer Wirkung, da am Hund adulte Flöhe und an den Lagerstätten auch die Eier, Larven und Puppen vernichtet werden müssen. Empfehlenswert ist es, die Hundedecke und andere infizierte Gegenstände auszutauschen oder zumindest bei 95° C in die Waschmaschine zu geben.

Mittel zur Prophylaxe eines Flohbefalls sind erhältlich und bei richtiger Anwendung durchaus empfehlenswert. Sie erhalten neben Flohhalsbändern, die ständig eine bestimmte Insektizidmenge abgeben, Sprays oder Shampoos. Die vor einiger Zeit noch gebräuchlichen Puder haben sich nicht bewährt und werden heute auch kaum noch angeboten. Beachten Sie für diese unterschiedlichen Präparate bitte unbedingt die Wirkungsdauer und Anwendung. Viele Mittel, gerade Halsbänder, verlieren bei Nässe ihre Wirksamkeit, auch unterscheiden sich die Produkte stark in ihrer Wirkdauer. Das neueste Produkt auf dem Markt ist eine Anti-Floh-Tablette, die für eine Sterilität der saugenden Weibchen sorgt, diese selbst aber nicht tötet. Zusammen mit einer wirksamen Bekämpfung der Flöhe durch Bäder oder Puder löst dieses einfach zu verabreichende Mittel das Flohproblem schnell und effektiv.

Als natürliche Prophylaxe soll das Füttern von Knoblauch gute Ergebnisse erzielen. Die Flöhe reagieren empfindlich auf den Knoblauch, sie befallen die Hunde nicht mehr. Knoblauch bietet einen entscheidenden Vorteil bei der Prophylaxe, denn er ist absolut ungefährlich für Hund und Mensch. Die Beigabe muss ständig erfolgen. Achtung: Viele Flohpuder, Flohhalsbänder, Shampoos oder Sprays können gerade für Kleinkinder gefährlich werden, wenn diese in starken Kontakt dazu geraten.

Läuse und Haarlinge

Sowohl der starke Befall mit Haarlingen als auch der mit Läusen ist meist ein Zeichen schlechter Fellpflege. Die Hunde kratzen sich verstärkt und es kann zu offenen Stellen kommen, die Sekundärinfektionen begünstigen. Anders als Flöhe kleben diese Parasiten ihre Eier, Nissen genannt, in das Fell des Hundes. Die Behandlung erfolgt analog zur Flohbekämpfung mit verschiedenen Pudern und Shampoos. Auch hier sollten Sie die Ruhe- und Aufenthaltsorte Ihres Hundes mit desinfizieren. Richten Sie sich bei der Behandlung nach den Herstellerangaben und dem Rat Ihres Tierarztes.

Prophylaktisch können Sie Ihren Hund mit Pudern behandeln, auch die meisten Flohhalsbänder schützen gleichzeitig vor Läusen und Haarlingen.

Mit ihren kräftigen Beißwerkzeugen verbeißen sich Zecken so fest in der Haut eines Hundes, dass es mancher Tricks bedarf, um sie komplett zu entfernen. Machen Sie nicht den Fehler und versuchen, die Zecke mit der Hand zu entfernen. Nehmen Sie eine geeignete Pinzette und drehen Sie die Zecke vorsichtig heraus.
Zecken sitzen in halbhohen Gräsern und Büschen und krabbeln von dort auf den vorbeistreichenden Hund.

Diese Quälgeister bohren sich mit ihrem ganzen Kopf in die Haut Ihres Hundes und saugen sich mit Blut voll. Wenn die Zecke „satt“ ist, lässt sie sich mit ihrem jetzt vollen Bauch einfach wieder auf den Boden fallen.

Zecken

Die in unseren Breiten häufigste Zeckenart ist der Holzbock. Dieses Spinnentier sitzt bevorzugt an lichten Stellen des Waldes im Unterholz bis zu 80 Zentimeter über dem Boden. Mit seinen thermotaktilen Sinnesorganen nimmt der Holzbock seinen Wirt aufgrund seiner Körpertemperatur wahr und lässt sich auf diesen fallen. Neben dem Menschen sind dies auch Hunde. Hier bohrt sich die Larve, die Nymphe oder das erwachsene Weibchen in die Haut des Hundes und verankert sich mit dem gesamten Kopf im Wirtstier. Die Blutaufnahme kann sich ungestört über mehrere Tage erstrecken, bis das vollgesogene Tier von alleine wieder abfällt. Der Größenzuwachs der Zecke ist enorm. Von unscheinbaren, wenigen Millimetern wächst sie auf Erbsen- bis Saubohnengröße heran. Bis auf gelegentliche allergische Reaktionen ist der eigentliche Zeckenbiss ungefährlich, wenn nicht zu viele Zecken gleichzeitig am Hund saugen. Gefährlich wird die Zecke erst, wenn sie Überträgerin anderer Krankheiten ist. Am gefährlichsten ist hier die Lyme-Borreliose, ausgelöst durch das Bakterium *Borrelia burgdorferi*, die virusbedingte FSME (Frühsommerhirnhautentzündung) und die durch im Blut parasitierende Einzeller ausgelöste Babesiose, die allerdings eine aus dem südlichen Europa importierte und nur zur Urlaubszeit häufigere Erkrankung ist.

Durch Zecken übertragene Krankheiten können im günstigen Fall geheilt werden, wenn man sie früh erkennt.

Die Babesiose zeigt sich im Frühstadium nach etwa anderthalb bis drei Wochen durch Temperaturanstieg, Abgeschlagenheit und Gewichtsverlust. Da der Parasit verschiedene Organe befallen kann, sind die weiteren Symptome unterschiedlich, jedoch zeigen sich meist Symptome einer Gelbsucht und ein durch Blut dunkel gefärbter Urin. Die Diagnose kann der Tierarzt schnell stellen und eine Behandlung ist erfolgversprechend, solange noch kein Organ dauerhaft geschädigt ist.

Die Lyme-Borreliose, an der auch der Mensch erkranken kann, zeigt bei Hunden den gleichen Krankheitsverlauf. Eine rote, knötchenartige Veränderung an der Bissstelle ist die Bestätigung, wenn Sie an Ihrem Hund schon die ersten Symptome feststellen: Fieber, Apathie und Appetitlosigkeit. Hinzu kommen allgemeine Muskel- und Gelenkschmerzen, der Hund ist träge, bewegt sich nicht gern und reagiert gereizt auf Berührungen, da diese schmerzen. Eine Behandlung mit Antibiotika ist erfolgversprechend. Da die Symptome nicht immer alle gleichzeitig auftreten oder nur einige der genannten, sollten Sie nach einem Zeckenbefall immer die Möglichkeit einer Borreliose in Betracht ziehen, wenn Ihr Hund vereinzelte Anzeichen für Lahmheit etc. erkennen lässt.

Die FSME ist bei Hunden noch recht unerforscht und wahrscheinlich eher selten, umso dramatischer ist der fast immer tödlich endende Verlauf. Neben einem Temperaturanstieg zeigen sich im Verlauf der Erkrankung immer schwerere neurologische Ausfälle. Die Hunde plagen Bewegungsstörungen, Orientierungslosigkeit, Krämpfe und krampfartige Anfälle. Eine Behandlung ist derzeit nicht möglich! Die betroffenen Hunde müssen zu gegebener Zeit meist eingeschläfert werden. Eine Impfung auf der Basis von Humanimpfstoffen ist zur Zeit in einer Testphase, die zumindest den Mut macht, schon bald einen Hundeimpfstoff in den Händen zu halten.

Da für die genannten Infektionen keine vorbeugenden Maßnahmen bekannt sind, muss die Prophylaxe die Zecken angreifen, und hierzu gibt es einige wirkungsvolle Mittel.

Viele Antiflohmittel können auch zur Vorbeugung gegen Zeckenbefall eingesetzt werden, gerade kombinierte Zecken-Floh-Halsbänder werden immer sicherer. Trotzdem sollten Sie zu den gefährdeten Zeiten im Frühsommer bis Herbst lichte Wälder und Waldstellen meiden und Ihren Hund nach jedem Spaziergang gründlich nach Zecken, die vor Beginn des Blutsaugens sehr klein sind, absuchen. Die bevorzugten Stellen der Parasiten sind die Kopfregion bis zu den Achseln, an den Ohren und zwischen den Zehen. Finden Sie trotz aller Vorsichtsmaßnahmen eine Zecke, entfernen Sie diese vorsichtig mit einer Pinzette, am besten einer speziellen zur Zeckenentfernung. Greifen Sie die Zecke möglichst nahe am Kopf und drehen Sie sie langsam und ohne zu stark zu ziehen heraus. Dabei kontrollieren Sie unbedingt, dass Sie die Zecke vollständig mit Kopf entfernt haben. Sollte etwas in der Wunde zurückgeblieben sein, kann es zu leichteren Entzündungen kommen, die meist schnell abheilen. Bedenken Sie: Je kürzer die Zecke in der Haut Ihres Hundes steckt, desto geringer ist die Wahrscheinlichkeit, dass Krankheitserreger übertragen werden!

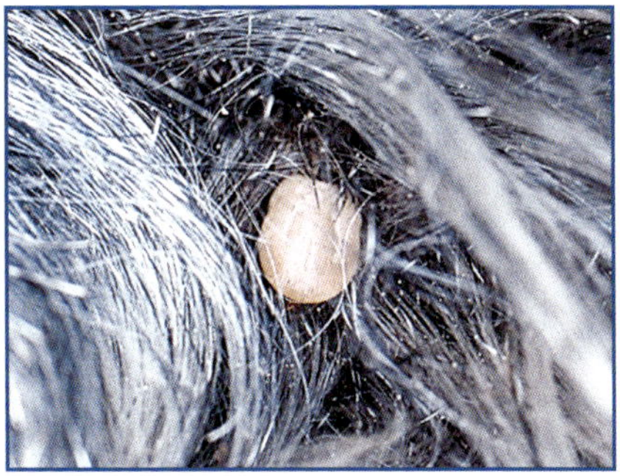

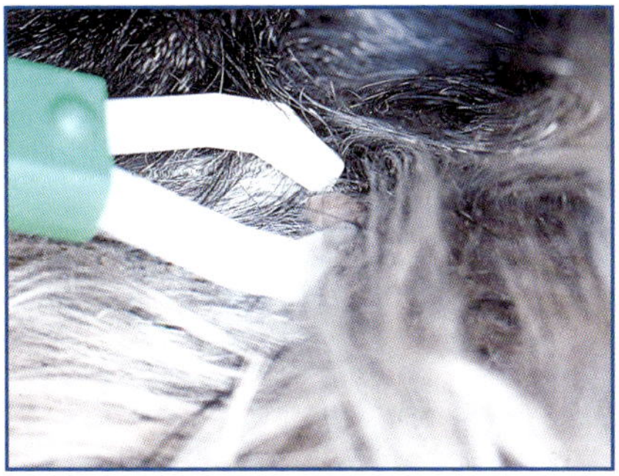

Entdecken Sie an Ihrem Hund eine Zecke, so ist es wichtig, dass Sie diese so schnell wie möglich entfernen. Am besten greifen Sie die Zecke mit einer speziellen Pinzette direkt hinter dem Kopf und ziehen sie heraus. Hier ist schön zu sehen, dass die Zecke im Ganzen sauber entfernt werden konnte.
Fotos: bede-Verlag

Eine Impfung gegen bestimmte Borrelioseerreger ist für Hunde seit einiger Zeit auf dem Markt und bietet nach der Grundimmunisierung, die aus zwei Spritzen im Abstand von drei Wochen besteht, bei jährlicher Auffrischung einen guten Schutz.

Räude

Hinter dem Oberbegriff „Räude" verbergen sich verschiedene durch Milben ausgelöste Hautkrankheiten. Obwohl die unterschiedlichen Milbenarten den Hund auf verschiedene Weise schädigen, ist die Symptomatik der Hautveränderungen stets die gleiche, denn die Hunde befällt immer ein starker Juckreiz. Die Ansteckungsgefahr ist unterschiedlich groß, die Heilung im allgemeinen einfach und unkompliziert.

Die Hunde-Räudemilben der Art *Sarcoptes canis* bohren Gänge in die Oberhaut der Hunde, der in den Gängen ausgeschiedene Kot löst den oftmals sehr starken Juckreiz aus. Der Befall beginnt meist an den Ohren und kann sich von dort über den gesamten Körper ausbreiten.Die Erkrankung ist äußerst ansteckend, befallene Hunde müssen bis zur vollständigen Heilung isoliert werden. Auch der Mensch kann von diesen Milben befallen werden, jedoch sterben sie auch unbehandelt nach kurzer Zeit ab, da der Mensch für sie nicht der richtige Wirt ist. Die Behandlung erfolgt nach Absprache mit dem Tierarzt durch Bäder und weitere Fellbehandlungen.

Raubmilben der Art *Cheyletiella yasguri* leben auf der Haut der Hunde. Sie durchleben hier ihren gesamten Entwicklungszyklus und ernähren sich von abgestorbenen Hautschuppen. Auf der Hundehaut zeigen sich Hautveränderungen in Form von dunkleren Schuppen und Verkrustungen durch das Kratzen. Die eigentlichen Gefahren liegen auch hier in den Sekundärinfekten der offenen Kratzstellen. Eine Behandlung mit Bädern und Desinfektionsmitteln dauert einige Wochen und löst das Problem vollständig.

Ein krankhafter Befall mit Demodex-Milben deutet auf eine Immunschwäche Ihres Hundes hin, denn diese in den Haarfollikeln lebenden Milben vermehren sich normalerweise nicht in einem pathologischen Ausmaß. Nur eine Schwächung der Immunabwehr gibt diesen Parasiten die Möglichkeit, sich ungehemmt zu vermehren und so zu dem typischen Bild eines Milbenbefalls zu führen. Da der Befall innerhalb des Organismus stattfindet, entstehen als Abwehrreaktion rote, teils eitrige Entzündungsherde, die sich vor allem am Kopf und den Pfoten befinden. Die Demodikose ist in einer lokalisierten, also eng auf einen Abschnitt begrenzten, und in einer generalisierten Form, auf den ganzen Hund verbreitet, bekannt. Eine Ansteckung ist vom infizierten Muttertier auf die Welpen über die Muttermilch, nicht jedoch durch einfachen Körperkontakt möglich.

Denken Sie dran!

Kleine Ektoparasiten, wie Milben, Zecken oder Flöhe, können Sie meist nur schwer erkennen. Sichtbar werden meist erst die Folgeschäden durch Sekundärinfektionen. Um dies zu verhindern, suchen Sie regelmäßig nach diesen Parasiten. Die Parasiten halten sich vorwiegend an wärmeren Körperstellen, in den Ohren oder Achseln auf.

Eine Behandlung der lokalisierten Form ist oftmals nicht notwendig. Weitet sich das Problem zu einem generellen aus und generalisiert, ist eine umfangreiche Behandlung mit speziellen Mitteln zwingend. Ihr Tierarzt ist unbedingt zu Rat zu ziehen. Da die Demodikose nicht ausgeheilt, sondern nur zurückgedrängt werden kann, müssen Sie mit Rückschlägen rechnen, die durch eine erneute Immunschwächung Ihres Hundes, wie Stress, Trächtigkeit, Krankheit etc. ausgelöst werden können.

Parasiten sind eines der häufigsten Probleme in der Hundehaltung. Gegen die meisten Parasiten gibt es keinen hundertprozentigen Schutz. Ein Befall ist aber meist gut zu kontrollieren. Foto: Berger

Darmparasiten

Die häufigsten Darmparasiten der Hunde sind Würmer, wobei mit Wurm keine biologische Art oder Gattung, sondern eine Organisationstufe beschrieben wird. Unter Würmern verstehen wir längliche, im Querschnitt runde bis ovale, wirbellose Lebewesen von meist nur geringer Größe. Ihr Vorkommen im Darm bereitet meist nur bei stärkerem Befall Probleme und kann durch spezielle Wurmkuren leicht behandelt werden. Spulwürmer, auch Rundwürmer genannt, stellen gerade bei Welpen aufgrund ihrer Toxine eine Gefahr dar, Haken- und Peitschenwürmer sind ebenfalls eher für Welpen problematisch, Bandwürmer sind auch für ausgewachsene Hunde gefährlich.

Der Hundespulwurm, *Toxocara canis*, ist wohl der bedeutendste Darmparasit, immerhin gelten über 90 % aller Welpen als infiziert. Typische Symptome sind Erbrechen und Durchfall, die Welpen haben keinen Appetit und magern als Folge stark ab, wobei gleichzeitig ein aufgedunsen wirkender Bauch zu beobachten ist. Während ihrer Entwicklung wandern die Spulwurmlarven durch die Darmwand in die Leber, von dort in die Lunge. Hier werden sie ausgehustet und ein Großteil der Würmer wird sofort wieder verschluckt, so gelangen die adulten Würmer zurück in den Darm, wo sie Ihre Eier legen, aus denen dann neue Larven schlüpfen. Die Stoffwechselprodukte der Wurmlarven können zu Allergien führen, das massenhafte Druchbrechen der Darmwand und Lungen kann diese Organe stark schädigen und zu Infektionen führen. Die Larven

im Darm können sich derart stark vermehren, dass sie den Darm verschließen oder zumindest der Nahrung so viele Nährstoffe entziehen, dass sie für den Welpen nicht mehr genügt. Die dramatische Folge sind Unterernährung, Entwicklungsschäden und der Tod.
So bedrohlich sich die Situation hier darstellt, so einfach ist die Behandlung. Heutzutage stehen genügend Wurmmittel zur Verfügung, mit denen eine Behandlung einfach und effektiv ist. lung sowohl der Welpen, das erste Mal im Alter von circa zwei Wochen, als auch der Mutter und des Vaters regelmäßig wiederholen. Die verfügbaren Präparate unterscheiden sich geringfügig in der Anwendung, in der Regel entwurmen Sie alle 14 Tage. Um die Welpen nach der Stillzeit vollständig von den Würmern zu befreien, setzen Sie die Behandlung noch über ein bis zwei Monate fort. Erwachsene Hunde sollten Sie halbjährlich entwurmen, leben Kinder im Haus-

Die meisten Welpen infizieren sich schon bei der Mutter über die Milch mit Würmern. Die erste Wurmkur erhalten innerhalb der ersten zwei Lebenswochen. Foto: Berger

Entscheidend ist die Konsequenz der Behandlung, denn der Kreislauf zwischen der Infektion der Welpen mit der Muttermilch und umgekehrt der Mutter am Welpenkot kann nicht unterbrochen werden. Somit müssen Sie die Behandhalt, ist eine vierteljährliche Entwurmung ratsam. Menschen können sich infizieren, stellen für Spulwürmer aber Fehlwirte dar. Die Entwicklung der Würmer bleibt unvollständig, die Larven verkapseln sich in Muskeln und Organen, wo sie zu Unbeweglichkeit und Entzündung führen können. Eine Infektion ist allerdings nur über die Eier im Hundekot möglich.

Peitschenwürmer befallen alle Hunde, sind aber nur für Welpen und auch nur bei starkem Befall ein Problem. Als Blutsauger bohren sie sich in die Darmschleimhaut und saugen hier, was zu einer Blutarmut (Anämie) und als Folge zu einer allgemeinen Schwächung und Entwicklungsstörungen führen kann. Die Behandlung stellt keine Probleme dar, Sie erhalten entweder spezielle Wurmkuren oder nehmen ein breit wirkendes Mittel.

Hakenwürmer sind in unseren Breiten zwar nicht heimisch, jedoch im Mittelmeerraum verbreitet und deshalb auch für Ihren Hund zumindest im Urlaub ein Risiko. Die Infektion erfolgt über den Kot infizierter Hunde, die Würmer dringen über die Haut, bevorzugt an weniger behaarten Stellen, ein und wandern in den Dünndarm, aber auch in Herz, Lunge oder Luftröhre, wo sie sich an den Gefäßwänden festhaken und sich von Blut ernähren. Die Eintrittsstellen der Würmer infizieren sich, röten, schwellen leicht an und jucken. Vergrößern sich diese Stellen durch Kratzen, folgen Sekundärinfektionen. Die Hakenwürmer selbst schädigen gerade Junghunde und Welpen durch den massiven Blutverlust. Die eintretende Anämie schwächt die Hunde, hemmt ihre Entwicklung und führt somit zum Tod. Welpen können sich auch direkt mit der Muttermilch infizieren. Die Behandlung und Prophylaxe entspricht der bei einem Spulwurmbefall.

Bandwürmer unterschiedlicher Arten befallen Hunde stets nicht direkt, also nicht von Hund zu Hund, sondern benötigen für ihre vollständige Entwicklung Zwischenwirte, über die sie übertragen werden. Der Hundebandwurm, auch Gurkenkernbandwurm genannt, *Dipylidium caninum*, wird über infizierte Hundeflöhe und Haarlinge übertragen, wenn Hunde diese zerbeißen und schlucken. Die Zwischenwirte haben infektiöse Finnen der Bandwürmer in sich, aus denen sich im Hundedarm die adulten Bandwürmer entwickeln.Diese legen im Darm ihre Eier, vermehren sich aber auch ungeschlechtlich, indem sie einzelne Wurmglieder, die Proglottiden, abschnüren, die selbst zu infektiösen Finnen heranwachsen. Es sind diese Proglottiden, die einen Juckreiz am Anus verursachen, den der Hund durch das typische Rutschen auf dem Po zu lindern versucht. Die austretenden Bandwurmglieder können Sie mit bloßem Auge sehen und somit einen Befall schnell selbst diagostizieren. Schädigen können Bandwürmer sowohl junge Hunde und Welpen als auch erwachsene Hunde. Ferner belastet jeder Parasit das Immunsystem und eine Infektion weiterer Hunde oder gar des Menschen ist nicht gewollt. Daher muss jede Bandwurminfektion schnell behandelt werden.

Neben dem Hundebandwurm können auch verschiedene Taenien-Arten, eine andere Gattung von Bandwürmern, den Hund befallen. Die Finnen dieser Arten finden Sie im Muskelfleisch infizierter Zwischenwirte. Zu diesen Zwischenwirten gehören so ziemlich alle Fleischlieferanten, so auch Rinder und Schweine.

Im Alter von acht Wochen erhalten die Welpen die Grundimmunisierung. Je nach Anraten des Tierarztes können einzelne Impfungen auch vorgezogen werden.
Foto: I. Francais

Eine Infektion ist nur über frisches, rohes Fleisch möglich. Gekochtes oder tiefgekühltes Fleisch (mindestens zwei Tage bei minus 20 Grad) ist nicht mehr infektiös.
Für den Menschen besonders gefährlich ist eine Infektion mit Bandwürmern der Echinococcus-Arten. Auch sie entwickeln sich über Zwischenwirte. Dient der Mensch als Zwischenwirt, so stellt er einen Fehlwirt dar. Es entwickeln sich in ihm die infektiösen Stadien, die Finnen, die beim Fuchsbandwurm, *Echinococcus multilocularis*, Kindskopfgröße erreichen können. Diese Finnen sind äußerst fragil, beinhalten tausende Bandwurmlarven und können tödliche Gewebeschäden, gerade in der Leber, verursachen. Besonders tückisch ist, dass die Proglottiden dieser Art mit dem bloßen Auge nicht sichtbar sind.
Hunde infizieren sich als Endwirte, der Befall stellt für sie keinen lebensbedrohlichen Zustand dar, eine Behandlung ist aber gerade auf Grund der gravierenden, meist tödlichen Folgen für den Menschen unbedingt notwendig. Die Infektion Ihres Hundes erfolgt über infiziertes Fleisch der Zwischenwirte, besonders von Nagetieren.
Alle Bandwurminfektionen lassen sich mit speziellen Wurmkuren behandeln. Eine regelmäßige Untersuchung ist ratsam, gerade vor Impfungen, denn auch eine kleine Schwächung des

Immunsystems kann eine Impfung gefährlich machen!

Infektionskrankheiten

Infektionskrankheiten werden durch Viren, Bakterien oder Einzeller verursacht. Sie werden entweder direkt von Hund zu Hund oder über sogenannte Vektoren, zum Beispiel Zecken, übertragen. Ein defektes oder geschwächtes Immunsystem begünstigt eine Infektion ebenso wie Wunden in der Haut, die das Eindringen der Keime erleichtern. Neben verschiedenen, erregerspezifischen Symptomen gehen Infektionskrankheiten meist mit hohem Fieber einher.

Bakterielle Infektionen

Leptospirose

Die verbreitetste Form der Leptospirose ist die Stuttgarter Hundeseuche. Die bakteriellen Erreger werden von Einzellern übertragen, die vor allem in stehenden Gewässern vorkommen. Eine Infektion von infizierten Hunden auf andere ist über den Urin und Speichel ebenfalls möglich.

Nach einer Inkubationszeit von wenigen Tagen bis zu drei Wochen zeigen sich als Folge einer schweren Magen-Darm-Entzündung starkes Erbrechen, teils blutiger Durchfall und Fieber über 40° C. Es kann in schweren Fällen zu Nieren- und Leberentzündungen mit Symptomen einer Gelbsucht kommen. Auch im Maul machen sich geschwürartige Entzündungen breit, die von einem fauligen Mundgeruch begleitet werden. Die Hinterläufe werden unbeweglich und zeigen Lähmungserscheinungen.

Die Behandlung ist erfolgversprechend, wenn die Diagnose früh gestellt wird und noch keine Organe geschädigt sind. Leider ist ein Organversagen meist das erste Anzeichen der Infektion. Es muss jedoch gar nicht erst zu einer Infektion kommen, da wirksame Impfstoffe erhältlich sind.

Zwingerhusten (Tracheobronchitis)

Der Zwingerhusten ist eine Mischinfektion von Viren (häufig Parainfluenza-Viren) und Bakterien (meist *Bordetella bronchiseptica*), die sich auf die Luftröhre und die Bronchien beschränkt. Unbehandelt führt diese Infektion zu einer schweren Lungenentzündung mit Sekundärinfektionen, die sich durch die Grundschwächung des Immunsystems ausbreiten. Ansteckungsorte sind überall dort, wo viele Hunde gemeinsam auf engem Raum gehalten werden, vor allem Tierheime und Hundehandlungen, aber auch Ausstellungen und Hundeplätze.

Eine Behandlung ist erfolgversprechend, solange die Sekundärinfektionen nicht zu schwer sind. Die Behandlung richtet sich gegen den bakteriellen Erreger.

Eine Impfung gegen Zwingerhusten ist auf Grund der unterschiedlichen Erreger umstritten, in meinen Augen aber ratsam. Die Vakzine ist ein Mischpräparat gegen die häufigsten Auslöser und somit auch therapeutisch sinnvoll.

Virusinfektionen

Ansteckende Leberentzündung

(Hepatitis contagiosa canis, H.c.c.)

Die ansteckende Hepatitis, die durch sämtliche Körperflüssigkeiten und somit

Denken Sie dran!

Verpassen Sie nicht die Termine für notwendige Auffrischimpfungen. Auch wenn die Hersteller für bestimmte Impfstoffe Angaben machen, der Schutz halte 12 bis 24 Monate, ist eine jährliche Auffrischung für alle Impfungen wichtig. Impfungen stärken das Immunsystem insgesamt und sind eine notwendige und sinnvolle Gesundheitsvorsorge.

auch reinen Körperkontakt übertragen wird, kann sehr unterschiedlich verlaufen. Neben Fällen, bei denen die Hunde nach wenigen Stunden bis einigen Tagen ohne typische Symptome sterben, kann die Krankheit auch subakut verlaufen, hierbei fiebert der Hund leicht, sein Zustand verbessert sich wieder und er zeigt im Anschluss eine ein- bis zweiwöchige, einseitige und meist selbstheilende Hornhauttrübung. Akute Krankheitszeichen sind ein hoher Fieberanstieg, ein apathisches Verhalten und Nahrungsverweigerung. Nach einem ersten, meist einwöchigen Fieberanfall verbessert sich der Zustand des Hundes zunächst, um sich anschließend entscheidend zu verschlechtern.
Als weitere Symptome können nun auch Erbrechen und blutiger Durchfall auftreten. Auch nach erfolgreicher Behandlung, die vom Tierarzt stark dem Einzelfall angepasst werden muss, kann vor allem eine Gelbsucht als Spätschaden zurückbleiben. Die regelmäßige Impfung bewahrt Sie und Ihren Hund sicher vor den dramatischen Verläufen der Infektion.

Parvovirose

Diese gerade für Welpen und Junghunde lebensbedrohliche Viruserkrankung wird nur von Hund zu Hund über Ausscheidungen übertragen.
Die Erreger schädigen die Darmzotten, was zu blutigen Durchfällen führt, auch Erbrechen ist ein Anzeichen für die Infektion. Bei jungen Hunden kann eine Herzmuskelentzündung den Zustand verschlechtern, die mit plötzlichem Herzversagen enden kann.
Die Behandlung ist je nach Alter und Schwere der Infektion mehr oder weniger hoffnungsvoll. Die Schutzimpfung ist ein Muss, und auch wenn sie nicht hundertprozentig schützen kann, wird der Krankheitsverlauf entscheidend gemildert. Gerade der Zeitpunkt der ersten Impfung kann Probleme bereiten, denn die ersten Antikörper erhalten die Welpen durch die Muttermilch. Wird zu früh geimpft, werden die Antikörper verbraucht und der Welpe produziert nicht schnell genug einen eigenen Abwehrschutz. Impfen Sie zu spät, entsteht ebenfalls eine Immunlücke, da sich die Antikörper der Mutter nicht so lange im Kreislauf des Welpen halten. Glücklicherweise gibt es inzwischen spezielle Frühimpfstoffe zur Welpenbehandlung, die genau dieses Problem umgehen. Sprechen Sie mit Ihrem Tierarzt über diese Möglichkeit.

Staupe

Die Staupe, eine Virusinfektion, deren Infektionsquellen neben infizierten Hunden auch verschiedene Wildtiere sind, verläuft in verschiedenen, charakteristischen Schüben. Je nach Ausprägung

Die gefährlichsten Erkrankungen sind heute präventiv durch Impfungen gut zu kontrollieren. Vergessen Sie bei Ihrem ausgewachsenen Hund nicht, den Impfschutz jährlich auffrischen zu lassen.
Foto: I. Francais

durchläuft der Hund alle oder nur einige der genannten Stadien, aber immer mit der katarrhalischen Form beginnend.
Bei der katarrhalischen Form erhöht sich die Körpertemperatur des Hundes kurze Zeit nach der Infektion stark, aber nur sehr kurz und ist dadurch für den Besitzer kaum merklich. Die Entzündung verschiedener Schleimhäute bleibt meist subakut. Nach einer Woche folgt ein zweiter, heftiger Fieberschub, der mit einer Lungenentzündung einhergeht. Der eitrige Augen- und Nasenausfluss ist nun unübersehbar. Erfolgt in diesem Stadium keine Behandlung, ist eine Heilung und selbst ein Überleben des Hundes beinahe aussichtslos. Jedoch kann bei ausgebrochener Staupe nie mit einer vollständigen Genesung Ihres Hundes gerechnet werden. Manchmal kommt es nun zu einer starken Verhornung der Ballen.
Die zentralnervöse Phase schließt sich entweder an die katarrhalische Phase an, der Hund kann aber auch bis hier beinahe symptomlos bleiben. Zu den schon genannten, jetzt wiederkehrenden Symptomen kommen nun zentralnervöse Störungen in Form von Bewegungsunfähigkeit, Koordinationsschwierigkeiten und starken Krämpfen. In diesem Stadium sterben die Hunde meist sehr schnell. Der sogenannte Staupetick, ein nervöses Kopfzucken, ist der Spätschaden für die, die dieses Stadium überleben. Überleben junge Hunde die Staupe, können ihre Zähne starke Schäden am Zahnschmelz zeigen, wenn sie die Infektion im dritten bis vierten Lebensmonat durchmachten. Zu dieser Zeit befindet sich das spätere Gebiss gerade im Aufbau und kann durch die Infektion geschädigt werden, man spricht dann vom Staupegebiss.
Manchmal können Sie in der Literatur noch von Spätfolgen der Staupe lesen, wonach sehr alte Hunde, die eine Staupe überlebten, zunehmend unter einem spürbaren Intelligenzverlust und motorischen Störungen leiden. Ob hier wirklich ein Zusammenhang besteht, ist zumindest fraglich.
Die einfache Vorsorge ist die planmäßige Impfung, die Ihrem Hund einen ausreichenden Schutz bietet.

Tollwut

Obwohl die Tollwut, die durch einen Virus übertragen wird und zur Infektion über den Speichel in eine offene Wunde gelangen muss, heutzutage sehr selten geworden ist, ist sie immer noch zu Recht gefürchtet, denn eine Heilung ist nicht möglich! Die Viren wandern nach der Infektion zum Gehirn des Hundes und von dort in die Speicheldrüsen. Um sich dem Immunsystem zu entziehen, gelangen die Viren nicht über das Blut, sondern über die Nervenbahnen an ihr Ziel. Am lebenden Hund kann somit keine Tollwut nachgewiesen werden! Umso wichtiger ist ein perfekter Impfschutz, denn liegt die letzte Impfung auch nur einen Tag mehr als 365 Tage zurück, kann Ihr Hund auf amtstierärztliche Weisung hin getötet werden, wenn er zuvor Kontakt mit einem tollwutverdächtigen Tier gehabt hat! Erreichen die Viren das Gehirn, treten Veränderungen auf, die den Hund speicheln und aggressiv werden lassen – doch bei weitem nicht alle infizierten Hunde zeigen diese Symptome. Je nachdem wie weit entfernt vom Gehirn die

Viren in den Kreislauf eintreten, kann die Inkubationszeit einige Monate betragen. Nach Beginn der Krankheit tritt der Tod meist nach wenigen Tagen ein.
Auch wenn die Tollwut weitgehend zurückgedrängt wurde, müssen Sie Ihren Hund unbedingt und unbedingt pünktlich impfen lassen. Die Krankheit ist auch auf den Menschen übertragbar und auch für diesen tödlich. Notieren Sie sich diesen Termin im Kalender, denn eine Infektion führt immer zum Tod.

Pseudowut (Aujeszkysche Krankheit)

Eine sehr seltene, der Tollwut in ihrer Symptomatik ähnliche Erkrankung ist die Pseudowut. Der starke Speichelfluss und Schluckbeschwerden erinnern an die Tollwut, die Hunde verspüren zudem einen starken Juckreiz am gesamten Körper. Die Krankheit endet immer tödlich, eine Infektion ist aber nur über rohes Schweinefleisch möglich. Eine weitergehende Prophylaxe, als niemals rohes Schweinefleisch zu füttern, ist nicht notwendig.

Einzellerinfektionen

Toxoplasmose

Die Erreger der Toxoplasmose sind Einzeller der Art *Toxoplasma gondii*, die als Stammwirt die Katze haben. Hier bilden sie infektiöse Dauerformen, eine Ansteckung Katze auf Hund ist jedoch selten, eher werden Hunde durch rohes Schweine- oder Rindfleisch infiziert. In Hunden bilden sich keine infektiösen Stadien, ein erkrankter Hund stellt somit keine Gefahr für den Menschen dar.
Leidet ein trächtiges Weibchen an Toxoplasmose, so kann es zu Fehlgeburten und Missbildungen der Föten kommen. Gesunde Hunde bleiben oft symptomfrei. Die Einzeller bilden Dauerformen in Organen und Muskeln, die bei abwehrgeschwächten oder abwehrschwachen Hunden zur Erkrankung führen. Die Symptomatik reicht dann von Apathie über Magen-Darm-Beschwerden bis zu zentralnervösen Störungen. Die Behandlung ist mit Antibiotika möglich.

Einzellige Darmparasiten

Kokzidien und Giardien sind Einzeller, die sich in den Darmzellen einnisten und nur bei immunschwachen oder jungen Hunden zu ernsteren Problemen durch starken Durchfall führen. Normalerweise sind erwachsene Hunde immun und zeigen, wenn überhaupt, bei einer Infektion einen dünnen Stuhl. Die Erreger sind nicht immer und nur schwer im Kot nachweisbar. Eine Diagnose ist somit recht schwierig, sollte Ihr Hund jedoch an unerklärbarem Durchfall leiden, gerade wenn er häufiger an öffentlichen Stellen baden geht, denken Sie besonders an eine solche Infektion. Die Behandlung durch Ihren Tierarzt ist unproblematisch.

Ein gesunder Hund ist der ganze Stolz seiner Besitzer. Halten Sie sich immer vor Augen, dass das Wohl Ihres Hundes einzig in Ihren Händen liegt. Foto: I. Francais

Die richtig eingesetzte Erste Hilfe kann Leben retten – dies gilt bei Menschen genauso wie bei Hunden. In vielen lebensbedrohlich wirkenden Situationen können Sie Ihrem Hund durch einfache Handgriffe sowohl direkt das Leben retten und weitere Behandlungen unnötig machen, genauso helfen aber auch erste Maßnahmen, um eine gefährliche nicht in eine lebensbedrohliche Situation ausufern zu lassen. Wichtig ist für Sie und Ihren Hund, dass Sie die Gefahrensituation erkennen und in der Lage sind, entsprechend zu handeln. Hierbei ist es an Ihnen, eine erste Verdachtsdiagnose aufzustellen und die zuvor beschriebenen Körperfunktionen wie Temperatur, Herzschlag und Atmung zu kontrollieren. Die folgenden Erste-Hilfe-Maßnahmen helfen Ihnen in den am häufigsten vorkommenden Gefahrensituationen weiter. Sie sollten sich mit Ihnen vertraut machen.
Wie immer ist die Vermeidung dieser Gefahren der beste Weg, Ihren Hund gar nicht erst in eine bedrohliche Situation kommen zu lassen. Da Sie dies aber nie ausschließen können, sollten Sie die beschriebenen Erste-Hilfe-Maßnahmen schon als „Trockenübungen" mit Ihrem Hund exerzieren, damit Sie beide im Notfall gut auf die lebensrettenden Handgriffe vorbereitet sind und Ihre Unerfahrenheit nicht zum zusätzlichen Risikofaktor wird.

Was Sie im Notfall unbedingt zu Hause haben sollten

Der Erste-Hilfe-Koffer für Ihren Hund ist ähnlich aufgebaut wie Ihr eigener, den Sie zum Beispiel aus Ihrem Auto kennen. Er sollte immer griffbereit und einsatzfähig sein. Die folgenden Utensilien muss der Koffer unbedingt beinhalten:

- **Verbandszeug, bestehend aus Baumwoll-Watte, Mullbinden, Endlospflaster, selbstklebenden Verbänden, sterilen Auflagen und Kompressen, Tupfern und mehreren Bandagen unterschiedlicher Länge und Breite**
- **verschiedene Desinfektionsmittel, wie Jodtinktur, Alkohol und Mercurochrom**
- **antiseptische Salben und Puder**
- **zum Applizieren der Medikamente benötigen Sie Pipetten und Spritzen (ohne Kanüle)**
- **Pinzetten, eine Zeckenpinzette, eine Verbandsschere, ein digitales Fieberthermometer und Heiß-/Kaltkompressen**

Ferner sollten Sie die Telefonnummer Ihres Tierarzts immer griffbereit haben. Viele Tierärzte sind für Sie in Notfällen rund um die Uhr verfügbar und geben Ihnen auch ihre Handynummer. Sollte Ihr Tierarzt nicht immer erreichbar sein, lassen Sie sich die Nummer und Adresse einer Notbereitschaft geben. Erkundigen Sie sich beim Urlaub Ihres Arztes nach einer Vertretung und machen Sie sich mit der schnellsten Anfahrt dorthin vertraut, denn im Notfall zählt jede Sekunde, die nicht mit der Suche im

Stadtplan vergeudet werden darf. So gerne Ihnen Ihr Tierarzt sicher zu jeder Tages- und Nachtzeit hilft, so wenig erfreut wird auch er mitten in der Nacht über einen Fehlalarm sein. Stellen Sie deshalb mit Ihren Möglichkeiten sicher, dass es sich um einen wirklichen Notfall handelt. Sichere Zeichen hierfür sind:

- ein unnatürlich helles Zahnfleisch
- ein fester, verspannter Bauch
- Bewusstlosigkeit
- Blutungen aus Körperöffnungen, Blut in Stuhl oder Urin
- stark blutende Verletzungen
- starke Schmerzen bei Druck auf den Körper oder beim Bewegen der Glieder
- die Unfähigkeit, ohne Hilfe zu stehen
- verlangsamte Atmung und Herzschlag, ebenso eine deutliche Beschleunigung
- Verletzungen am Auge
- starker Brechdurchfall

Wenn der Ernstfall eingetreten ist

Das Wichtigste für Sie und Ihren Hund ist, erst einmal die Ruhe zu bewahren. Auch wenn Sie voll Sorge sind und schnell helfen wollen, behalten Sie einen klaren Kopf und vor allem agieren Sie nicht hektisch. Jede Unruhe überträgt sich auf Ihren Hund und macht auch ihn zu einem unberechenbaren Patienten. So lieb und ruhig Ihr Hund auch im gesunden Zustand ist, hat er ernsthafte und dazu womöglich noch schmerzhafte Gesundheitsprobleme, kann auch er einmal zubeißen und nicht sehr kooperativ sein. Um in dieser Ausnahmesituation die Belastungen für ihn zu verringern, der dringende Rat, die wichtigsten Handgriffe schon im Vorfeld zu erproben. Hierzu gehört an erster Stelle das Anlegen des Notfallmaulkorbs.

Der Notfallmaulkorb

Ein Hund, der Schmerzen hat und sich in einer Stress- oder gar Paniksituation befindet, beißt schnell nach allem, was sich ihm nähert. Wollen Sie einem Hund in dieser Situation helfen und sich ungefährdet nähern, muss ihm ein Maulkorb angelegt werden, wenn nicht der Tierarzt zur Stelle ist und ein Beruhigungsmittel spritzen kann. Da Sie nicht unbedingt einen eigenen Maulkorb besitzen oder ihn immer bei sich tragen, können Sie einen Notfallmaulkorb als voll funktionsfähiges Provisorium schnell selbst fertigen und anlegen. Sie benötigen hierzu lediglich ein ca. 1 Meter langes Stück reißfesten Stoff, nur im Notfall nehmen Sie eine Schnur. Die Schnur darf nicht zu dünn sein, um den Hund nicht durch Einschnüren zu verletzen. Dinge, die sich gut eignen und fast immer schnell zu bekommen sind, sind die Hundeleine, eine Krawatte, ein Schal oder ähnliches. Die einzelnen Schritte der Reihenfolge nach:

Fertigen Sie in der Mitte Ihres Bands eine Schlaufe, indem Sie einen lockeren, einfachen Knoten binden.

Ziehen Sie diese Schlaufe über die Schnauze des Hundes und ziehen den Knoten auf dem Nasenrücken fest. Aber vorsichtig, ohne gebissen zu werden! Dies ist der einzige heikle Moment für Sie! Nun verknoten Sie das Band ein zweites

Mal unter dem Unterkiefer und ziehen wieder fest zu.
Sollte die Situation ein zweimaliges Verknoten nicht erlauben, lassen Sie den ersten Knoten einfach weg und verknoten die Schlinge einmal unterhalb der Schnauze.
Um den Maulkorb zu fixieren, führen Sie die beiden Enden nun unter den Ohren in den Nacken und machen dort ebenfalls zwei feste Knoten – der Notfallmaulkorb ist fertig angelegt!
Diese Prozedur ist für den Hund nicht unangenehm, sondern nur ungewohnt. Üben Sie deshalb mit ihm das Anlegen, damit sie beide mit der Technik vertraut sind.
Bedenken Sie bitte, dass ein Maulkorb die Atmung beeinträchtigt und auch ein Erbrechen behindert. Kontrollieren Sie dies, um ein Ersticken zu verhindern, und legen Sie einem erbrechenden Hund niemals einen Maulkorb an.

Wiederbelebung

Setzt bei Ihrem Hund die Atmung oder der Herzschlag, oder im schlimmsten Fall beides, aus, muss sofort mit der Wiederbelebung begonnen werden. Achten Sie während der Maßnahmen darauf, dass der Hund nicht auskühlt, indem Sie ihn zum Beispiel in eine Decke einhüllen. In jedem Fall alarmieren Sie zu Ihren eigenen Bemühungen noch den Tierarzt.
Setzt allein die Atmung aus, legen Sie den Hund zunächst auf die Seite, kontrollieren Sie, ob ein Fremdkörper die Atemwege verschließt und entfernen Sie ihn (siehe auch „Ersticken"). Atmet der Hund wieder normal, ist der Notfall überstanden; setzt die Atmung nicht wieder ein, beginnen Sie mit der Mund-zu-Nase-Beatmung. Durchschnittlich atmet ein Hund ungefähr 20 mal pro Minute. An diesem Wert orientieren Sie sich auch bei der Beatmung, das heißt, alle drei Sekunden füllen Sie die Lungen des Hundes mit Luft. Dazu setzen Sie Ihren Mund auf die Nase des Hundes, halten sein Maul zu und atmen in die Hundenase aus. Nach jeder Beatmung öffnen Sie das Maul des Hundes und ziehen seine Zunge hervor, um ihm ein freies, eigenständiges Atmen zu ermöglichen. Falls Sie den direkten Kontakt mit der Hundenase vermeiden wollen, legen Sie ein dünnes Tuch (Taschen- oder Haushaltstuch) über die Hunde-

Unfälle passieren meist ganz unvermittelt. Sie müssen schnell reagieren können und sollten die wichtigsten Handgriffe der Ersten Hilfe beherrschen.
Foto: Berger

schnauze. Beatmen Sie den Hund so lange, bis er wieder selbst atmet, und beobachten Sie ihn weiterhin gründlich. Setzt die Atmung auch nach einigen Minuten nicht wieder ein, kann nur der Tierarzt weiterhelfen, den Sie auf jeden Fall alarmieren müssen – auch bei erfolgreicher Beatmung.

Setzt allein der Herzschlag aus, werden Sie eine Herzmassage durchführen. Hierzu legen Sie den Hund auf die rechte Körperseite. Ist der Hund sehr klein und können Sie den Brustkorb mit einer Hand umfassen, drücken Sie einfach Ihre Hand im Bereich der dritten bis sechsten Rippe von beiden Seiten zusammen. Ist der Hund größer, legen Sie ihre eine Hand flach auf die Rippen der linken Körperseite, wieder zwischen der dritten und sechsten Rippe, und drücken mit der anderen Hand auf ihre untere Hand. Das Hundeherz schlägt etwa so häufig wie bei uns Menschen, also 80- bis 100-mal in der Minute. Diese Frequenz sollten auch Ihre Wiederbelebungsversuche haben. Fahren Sie mit Ihren Bemühungen fort, bis das Herz wieder von alleine schlägt, und beobachten Sie den Hund weiterhin sorgfältig. Den Tierarzt sollten Sie in jedem Fall verständigen.

Fallen sowohl die Atmung als auch der Herzschlag aus, verfahren Sie entweder so, wie oben beschrieben, wenn Ihnen ein Helfer zur Seite steht, so dass jeweils einer von Ihnen die Herzmassage oder die Beatmung übernehmen kann, oder gehen Sie folgenden Kompromiss ein: Wechseln Sie zwischen Beatmung und Herzmassage in einem ständigen Wechsel zwischen zweimal Beatmen und achtmal Druck auf den Brustkorb. Ideal wäre ein Zyklus von zehn Malen pro Minute, versuchen Sie zumindest alle zehn Sekunden einen Zyklus abzuschließen.

Sollte Ihr Hund trotz aller Bemühungen nicht wiederzubeleben sein, müssen Sie sich mit dem Schicksal abfinden. Eindeutige Zeichen dafür, dass jede weitere Hilfe zu spät kommt, sind geweitete Pupillen, blau angelaufenes Zahnfleisch, eine blaue Zunge und das Fehlen jeglicher Reflexe.

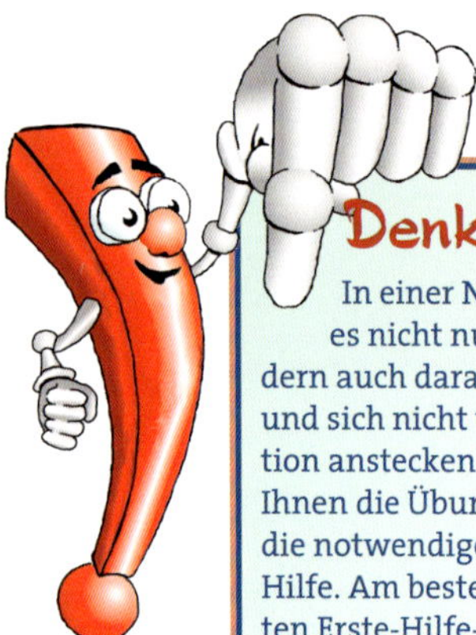

Denken Sie dran!

In einer Notfallsituation kommt es nicht nur auf Ihr Wissen an, sondern auch darauf, dass Sie ruhig bleiben und sich nicht von der Hektik der Situation anstecken lassen. Hierbei hilft Ihnen die Übung und das Wissen um die notwendigen Handgriffe der Ersten Hilfe. Am besten üben Sie die wichtigsten Erste-Hilfe-Maßnahmen schon mit Ihrem jungen Hund. Im Notfall sind dann sowohl Sie als auch er mit den Maßnahmen vertraut.

Ersticken

Befindet sich Ihr Hund in einer Situation, in der er zu ersticken droht, ist schnellste Hilfe erforderlich. Deutliche Anzeichen dafür, dass Ihr Hund zu wenig oder gar keine Luft bekommt, sind neben dem sichtbaren Unvermögen, frei durchzuatmen, auch starker Speichelfluss und später eine Blaufärbung der Zunge. Die häufigsten Ursachen für Erstickungsanfälle sind Schwellungen oder Fremdkörper im Rachenraum, am Zungengrund oder in der Luftröhre. Um die tatsächliche Ursache herauszufinden, fixieren Sie den Hund zwischen Ihren Beinen und öffnen sein Maul vorsichtig, um ihm in den Hals sehen zu können. Ziehen Sie seine Zunge leicht heraus, um auch Fremdkörper im hinteren Rachenbereich erkennen zu können. Haben Sie das störende Teil entdeckt, versuchen Sie es mit einem stumpfen Gegenstand, am besten einer Pinzette, zu entfernen. Kleinere Hunde können Sie auch an den Hinterbeinen packen und auf den Kopf stellen. Sollte sich der Gegenstand so nicht entfernen lassen, fahren Sie schnellstmöglich zum Tierarzt und beatmen Ihren Hund notfalls Mund-zu-Nase (siehe „Wiederbelebung"). Gerade spitze Gegenstände wie Fischgräten, Röhrenknochen von Geflügel oder auch zu kleine und leicht splitternde Rinder- oder Schweineknochen bleiben gerne im Hals stecken und können nicht ohne Weiteres entfernt werden, wie unter „Fremdkörper" noch beschrieben wird.

Entdecken Sie keinen Fremkörper im Hals des Hundes, so sitzt er entweder zu tief oder der Erstickungsanfall ist auf eine Verengung der Luftröhre zurückzuführen. In den meisten Fällen ist das Anschwellen der inneren Schleimhäute eine allergische Reaktion, die mit Antihistaminen schnell behandelt werden kann. Ein Antihistaminikum gehört in den Erste-Hilfe-Koffer jedes allergisch reagierenden Hundes. Eine erste Dosis sollten Sie sofort verabreichen, der Besuch beim Tierarzt muss sofort erfolgen.

Hunde können von Natur aus schwimmen. Jedoch können ältere, geschwächte und besonders junge Hunde ihre Kräfte nicht immer richtig einschätzen. Seien Sie besonders umsichtig, wenn sich Ihr Hund im und am Wasser aufhält. Foto: Berger

Ertrinken

Jeder Hund kann von Geburt an schwimmen, so auch Welpen. Zu lebensbedrohlichen Situationen im Wasser kann es dann kommen, wenn das rettende Ufer oder der Ausgang aus einem künstlich angelegten Gewässer, das kann auch der Swimmingpool sein, nicht mehr erreicht werden kann, der Hund ermüdet und ihn seine Kräfte verlassen. Dies ist naturgemäß bei jungen und alten Hunden besonders schnell der Fall, für kleinere Rassen sind zudem manche Auswege nicht erreichbar, die eine große Rasse mit Leichtigkeit für sich nutzen kann. Auch Gewässer mit starker Strömung können eine ernste Gefahr darstellen. Kritisch ist der Zustand dann, wenn der Hund längere Zeit untergeht und viel Wasser schluckt oder gar in die Lungen bekommt. Bewusstlosigkeit und ein schnelles Ertrinken sind die Folge. Retten Sie einen ertrinkenden Hund aus dem Wasser, schauen Sie zunächst nach, ob sich Gegenstände in seinem Mund und Rachenraum befinden. In stark bewachsenen oder verdreckten Gewässern kann der Hund allerlei Unrat und Wasserpflanzen geschluckt haben, die eine Wiederbelebung und ein normales Atmen unmöglich machen. Entfernen Sie die Gegenstände und pumpen Sie das Wasser aus den Lungen des Hundes. Kleinere, leichtere Hunde können Sie an den Hinterbeinen greifen und nach unten hängen lassen, das Wasser kann nun normal abfließen. Größere und schwerere Hunde legen Sie auf die Seite, möglichst ist der Kopf hierbei tiefer gelegen als der Körper, und pressen mit der flachen Hand auf den Brustkorb, so dass das Wasser ebenfalls abfließen kann. Sollte der Hund nun nicht von selbst anfangen zu atmen, beginnen Sie mit den bereits beschriebenen Wiederbelebungsmaßnahmen.

Insektenstiche

Gefährlich werden in der Regel nur Stiche von Wespen oder Bienen, wenn Ihr Hund allergisch reagiert oder in den Mund-Rachenraum gestochen wird. Ein Insektenstich schmerzt den Hund und Sie werden leicht feststellen können, wo Ihr Hund gestochen wurde. Sehen Sie sich die Stelle genau an und entfernen Sie bei Bienenstichen vorsichtig den Stachel, ohne dabei auf den zurückgebliebenen Giftsack zu drücken, was nur noch mehr Gift in die Wunde bringen würde. Ideal ist eine spitze Pinzette. Desinfizieren Sie den Einstich und geben eine kühlende Salbe auf die Stelle. Sollte Ihr Hund in den Kopf und vor allem in Mund, Nase, Zunge oder gar weiter hinten im Maul gestochen worden sein, suchen Sie sofort einen Tierarzt auf. Durch ein Anschwellen des Stichs besteht hierbei eine ernste Erstickungsgefahr. Ebenso sollten Sie sofort den Tierarzt besuchen, wenn Ihr Hund allergische Reaktionen auf den Stich zeigt. Meist schwillt schon die Einstichstelle unnatürlich stark an, gefährlich wird es aber erst, wenn Sie am Kopf des Hundes eine Schwellung feststellen und sein Zahnfleisch blass wird. Hier kann ein Schockzustand unmittelbar bevorstehen. Lassen Sie sich von Ihrem Tierarzt ein Antihistaminikum für Ihren Hund verschreiben, das Sie im Notfall verabreichen können und das erste Linderung verschafft. Gerade bei einer bekannten Allergie auf Insektenstiche ist dies lebensrettend.

Vergiftungen

Vergiftungen können die unterschiedlichsten Ursachen haben und es gilt zur adäquaten Weiterbehandlung vor allem, die Vergiftungsursache und somit das Gift ausfindig zu machen. Die Symptome sind bei den meisten Vergiftungen relativ gleich. Der Hund zeigt einen erhöhten

Speichelfluss meist zusammen mit heftigem Erbrechen und Durchfall, des weiteren finden Sie oft Schleimhautblutungen. Hinzu kommen je nach Schwere der Vergiftung weitere körperliche Ausfallerscheinungen wie Gleichgewichtsstörungen, Krämpfe und häufig eine allgemeine Schwächung des Organismus. Zwei Dinge haben absolute Priorität: Einer weiteren Verschlechterung des Zustands entgegenwirken und die Ursache herausfinden. Bevor Sie lange überlegen, wo und wie sich Ihr Hund vergiftet hat, sollten Sie Ihren Hund beruhigen, so weit das in solch einer Situation möglich ist, und die normale Körperabwehr wie Erbrechen und Durchfall unterstützen. Verabreichen Sie kein brechreizförderndes Mittel! Viele Mittel können die Wirkung verschiedener Gifte noch verschlimmern! Versuchen Sie anschließend, dem Übel auf die Spur zu kommen, und überlegen, was der Hund alles gefressen hat. Waren Sie mit ihm spazieren, hat er an etwas geleckt oder an Pflanzen geknabbert, die Sie nicht kennen? Alle diese Überlegungen helfen dem Tierarzt, die Ursache herauszufinden. Auch der Verzehr von einfacher Schokolade kann beim Hund zu

Suchen Sie Ihren Garten nach giftigen Pflanzen ab und entfernen Sie diese ebenso aus der Reichweite Ihres Hundes wie giftige Stoffe. Gefährlich können Insekten und Unkrautvernichtungsmittel sein.
Foto: Berger

Leinen Sie Ihren Hund in unbekanntem Gelände lieber an. So haben Sie eine bessere Kontrolle über ihn und darüber, woran er riecht und was er in den Fang nimmt.
Foto: I. Francais

Hunde und Knochen – diese beiden scheinen einfach zusammen zu gehören. Dem ist aber ganz und gar nicht so. Jede Art von Knochen kann splittern und zu schweren inneren Verletzungen führen. Am besten geben Sie Ihrem Hund nur spezielle Kauknochen aus dem Zoohandel. Foto: I. Francais

schweren Vergiftungen führen! Grundsätzlich dürfen Sie Ihren Hund nie mit Lebensmitteln und Süßigkeiten füttern, die für uns Menschen hergestellt und nicht für unsere Hunde bestimmt sind.

Fremdkörper

Unter Fremdkörper verstehe ich alle Gegenstände, die der Hund verschlingt, die aber alles andere als Nahrung für ihn sind und in Rachen, Magen oder Darm zu ernsthaften Schäden bis hin zum Tod führen. Achten Sie unbedingt darauf, was Ihr Hund frisst, was sich an kleineren, verschluckbaren Teilen in seiner Reichweite befindet und womit er sich zu Hause

und bei Spaziergängen beschäftigt.
Viele Unfälle passieren mit essbaren Gegenständen. Der berühmte Röhrenknochen im Geflügel, der leicht splittert und entweder im Rachen stecken bleiben und so zum Ersticken führen kann oder erst im Magen-Darm-Trakt schwere innere Verletzungen verursacht, oder die Fischgräte mit gleichen Folgen. Selbst bei Rinderknochen müssen Sie auf die Art achten. Zu kleine Knochen können verschluckt werden und sich im Rachen quer stellen. Auch Rippenknochen haben eine ähnlich spröde Konsistenz wie die Röhrenknochen des Geflügels. Gerne werden auch alle Verpackungsmaterialien gefressen, die noch nach den darin verpackten Lebensmitteln riechen. Wenn die eingepackte Wurst auf dem Tisch liegt, macht sich sicher kein Hund die Mühe, sie erst auszupacken, sondern verschlingt das ganze Paket. Diese Verpackungen, die meist aus Plastik bestehen, können nicht verdaut werden und im schlimmsten Fall werden sie auch nicht erbrochen oder ausgeschieden, sondern verschließen den Magen-Darm-Trakt.
Es sind aber nicht nur solch naheliegende Gegenstände, an denen sich besonders junge und unerfahrene Hunde und Welpen vergehen. Die unvermutetsten Dinge mussten schon aus Hundemägen herausoperiert werden, weshalb Sie besonders darauf achten müssen, kleine Gegenstände sorgsam zu verstauen. Zeigt der Hund Erstickungsanfälle, verfahren Sie wie beschrieben. Versuchen Sie jedoch niemals spitze Gegenstände wie Gräten oder Knochen selbst aus dem Rachen zu entfernen. Beim Herausziehen richten Sie schnell noch größeren Schaden an. Steckt der Fremdkörper im Hals, so hinterlässt er auch nach dem Entfernen eine Wunde, die schnell durch Bakterien infiziert werden kann und so zu schweren Entzündungen führt. Diese Wunden müssen antibiotisch versorgt werden. Ziehen Sie einen Tierarzt zu Hilfe und überbrücken die Zeit im Notfall mit einer Mund-zu-Nase-Beatmung.
Ist der Fremdkörper im Magen-Darm-Trakt gelandet, so hat der Hund im Falle eines Verschlusses einen aufgebläht wirkenden Bauch und Schmerzen bei Berührung. Hier muss sofort der Tierarzt aufgesucht und der Gegenstand notfalls operativ entfernt werden. Leiten Sie in solch einem Fall kein Erbrechen ein, wenn sich der Hund nicht schon übergibt. Der Fremdkörper könnte gravierende Schäden beim Passieren des Rachens verursachen. Vertrauen Sie unbedingt den Anweisungen Ihres Tier-

arztes, der sofort aufgesucht werden muss.

Bisswunden und ähnliche Verletzungen

Die Schwere von Bisswunden und ähnlichen Verletzungen hängt vor allem davon ab, wie tief und groß die Wunde ist und wie stark sie blutet. Handelt es sich bei der Verletzung nur um eine oberflächliche Abschürfung, genügt eine ausreichende Säuberung und Desinfektion. Um einen Verband zu befestigen und eine Verunreinigung der Wunde durch das eigene Fell zu verhindern, sollten Sie das Fell an den Seiten der Wunde abrasieren.
Stellen Sie eine tiefe Wunde fest, muss diese unbedingt von einem Tierarzt versorgt werden. Sie sollten die Wunde zunächst nur reinigen und desinfizieren, ein notdürftiger Verband sollte einer neuerlichen Verunreinigung vorbeugen. Blutet die Wunde stark, legen Sie eine Kompresse an, um einen stärkeren Blutverlust zu verhindern.
Suchen Sie in jedem Fall so schnell wie möglich einen Tierarzt auf, der die Wunde adäquat versorgen und die Nachbehandlung übernehmen kann. Bei leichteren Wunden genügt dies am nächsten Tag, schwerere Wunden müssen sofort weiterbehandelt werden.
Überprüfen Sie bei dieser Gelegenheit auf jeden Fall den bestehenden Tollwutimpfschutz Ihres Hundes, gerade bei Bissen von anderen Tieren.

Blutungen

Blutungen müssen schnell von Ihnen gestoppt werden können. Bei Bissen, Schnitten oder ähnlichen Verletzungen kann die Wunde sehr stark bluten und zu einem erheblichen Blutverlust führen, der auch tödlich enden kann. Um die Blutung zu stoppen, legen Sie eine Kompresse (Druckverband) an, die Bestandteil Ihrer Erste-Hilfe-Ausrüstung sein sollte. Haben Sie gerade keinen passenden Verband zur Hand, genügt auch normales Verbandszeug, das Sie fester anlegen sollten. Hierbei muss der Druck so stark sein, dass die Blutung gestoppt wird, aber noch locker genug, um die Durchblutung nicht zu unterbinden. Lockern Sie den Verband alle 15 Minuten, um die Durchblutung zu fördern und keine Körperteile abzuschnüren. Auf jeden Fall muss der Tierarzt die Wunde betrachten und sofort eingeschaltet werden. Auch kleinere Blutungen, die Sie selbst auch ohne Druckverband mit Wundsalbe oder Pulver zum Stillstand bringen können, sollten vom Tierarzt nachkontrolliert werden.

Elektrischer Schlag

Achten Sie gerade bei Welpen und heranwachsenden Hunden darauf, dass kein Stromkabel in ihre Nähe kommt oder sie längere Zeit unbeobachtet die Möglichkeit haben, auf einem Stromkabel herumzukauen. Es gibt inzwischen die unterschiedlichsten Möglichkeiten, Schutzschalter im Stromkreis einzubauen, die bei kleinsten Kurzschlüssen die Leitungen unterbrechen. Informieren Sie sich hierzu nach dem aktuellen Angebot bei Ihrem Elektrohändler. Ist Ihr Hund aber von einem elektrischen Schlag getroffen worden, unterbrechen Sie zunächst den Stromkreis, indem Sie die

Sicherung herausnehmen, und bringen Sie Ihren Hund sofort zum Tierarzt. Oft hinterlassen Stromschläge zunächst symptomlose, innere Verletzungen, die dann erst zu spät bemerkt werden.
Sollte Ihr Hund nach dem Schlag leblos sein, beginnen Sie mit Wiederbelebungsmaßnahmen.

Verbrennungen

Verbrennungen sind für Ihren Hund immer schmerzhaft und können zu schweren Sekundärinfektionen führen. Je größer die Brandwunde ist, desto anfälliger ist sie für Bakterien, die zu großflächigen Entzündungen führen können. Auf jeden Fall müssen Sie mit einer Verbrennung sofort den Tierarzt, bei großflächigen Verbrennungen am besten gleich die Tierklinik besuchen. Die langwierige Behandlung und Heilung ist begleitet von täglichen Verbandswechseln und einer peniblen Hygiene, um Sekundärinfektionen zu vermeiden. Aus diesem Grund werden auch antibakterielle Salben aufgetragen. Als Komplikation kann gerade bei schwereren Verbrennungen ein Schock hinzukommen.

Schock

Ein Schock ist immer eine lebensbedrohliche Situation. Die Pupillen zeigen sich geweitet, zu einem flachen, schnellen Puls kommt eine flache Atmung, beides führt unter anderem zu einer Abkühlung der Körpertemperatur und einer allgemeinen Schwäche. Die Ursachen können unterschiedlicher Natur sein, meist handelt es sich jedoch um Notsituationen in Folge starker Verletzungen. So kann zum Beispiel ein starker Blut- oder Flüssigkeitsverlust, Panik oder auch eine starke Allgemeininfektion (Sepsis) zu einem Schock führen. Nach der Erstversorgung bringen Sie Ihren Hund so schnell wie möglich zum Tierarzt.

Hitzschlag

Zum Hitzschlag kommt es, ganz einfach gesprochen, wenn sich die Körpertemperatur Ihres Hundes über ein natürliches Maß erhöht. Dies geschieht vor allem dann, wenn Ihr Hund über einen längeren Zeitraum ungeschützt hohen Temperaturen ausgesetzt ist. Dies ist dann der Fall, wenn Sie Ihren Hund beispielsweise im Auto zurücklassen oder auch in der Sonne anbinden. Hierbei hat der Hund keine Möglichkeit, der Erwärmung zu entweichen und einer Überhitzung zu entkommen. Sie sehen, dass ein vorsichtiges Verhalten Ihrerseits einmal mehr der beste Schutz Ihres Hundes ist. Vor einem Hitzschlag ist prinzipiell kein Hund sicher, jedoch gibt es prädestinierte Rassen, die besonders anfällig sind. Es sind dies Rassen mit einem kurzen, wenig isolierenden Fell, Rassen mit dunklem Fell und Rassen mit einer kurzen Schnauze, die das natürliche Kühlsystem der Hunde darstellt.
Die Anzeichen für einen Hitzschlag sind neben einer flachen, schnellen Atmung eine erhöhte Körpertemperatur und ein schneller Herzschlag. Dieser Zustand ist äußerst instabil und kann schnell in einer Bewusstlosigkeit enden. Schnelle Hilfe ist hier überlebenswichtig.
Ihr erstes Ziel muss sein, den Hund auf seine natürliche Körpertemperatur von ungefähr 38° C abzukühlen. Hierbei ist jedoch Vorsicht geboten, denn eine zu

schnelle Abkühlung würde automatisch zu einem Kreislaufversagen und somit einem lebensbedrohlichen Schockzustand führen. Kühlen Sie Ihren Hund am besten mit kühlem, aber sicher nicht eiskaltem Wasser, das Sie entweder langsam über den Hund laufen lassen, oder Sie umwickeln die Pfoten mit feuchten Tüchern und übergießen den Körper des Hundes zusätzlich mit kühlem Wasser. Kontrollieren Sie hierbei ständig die Körperfunktionen des Hundes, vor allem die Temperatur und den Herzschlag. In schwereren Fällen ist der Organismus des Tieres so stark geschwächt, dass der Kreislauf nicht zu stabilisieren ist. Die Temperatur fällt auch nach Beendigung der Kühlung und der Hund gerät in eine weitere lebensbedrohliche Situation. In einem solchen Fall müssen Sie den Hund in Decken wickeln und sofort zur tierärztlichen Behandlung transportieren. Auch für den Fall, dass der Hund seine normale Körpertemperatur wiedererlangt, sollte eine Nachuntersuchung unbedingt stattfinden.

Unterkühlungen und Erfrierungen

Bei Hunden sprechen wir ab einer Körpertemperatur von circa 36° C und darunter von einer Unterkühlung. Diese tritt dann ein, wenn der Hund zu lange extrem kalten Temperaturen ausgesetzt ist. Da Hunde, wie alle warmblütigen Tiere, über recht wirksame Mechanismen zur Wärmeproduktion verfügen, unterkühlen erwachsene Hunde nur bei sehr niedrigen Temperaturen oder bei einer allgemeinen Schwächung des Organismus. Gerade ältere Hunde und Welpen können aber schon bei weniger dramatischen Temperaturen leichter unterkühlen, achten Sie hier besonders auf erste Anzeichen.

Neben einer deutlichen Absenkung der Körpertemperatur können Sie eine allgemeine Unruhe und eintretende Schwächung des Hundes beobachten.

Sorgen Sie unbedingt für eine langsame und gleichmäßige Erwärmung des unterkühlten Hundes mittels Decken, Wärmflasche oder Heißpacks. Suchen Sie bei schweren Unterkühlungen gerade bei geschwächten Tieren den Tierarzt auf.

Eine ernsthaftere Bedrohung für Ihren Hund stellen Erfrierungen dar. Hier müssen Sie die erfrorenen Körperstellen vorsichtig massieren, am besten mit Schnee oder mit in kaltem Wasser getränkten Tüchern. Erfrorene Gliedmaßen können

Vor allem Welpen und ältere Hunde können leicht auskühlen. Halten Sie die Spaziergänge mit ihnen im Winter und bei tiefen Temperaturen kurz. Foto: Berger

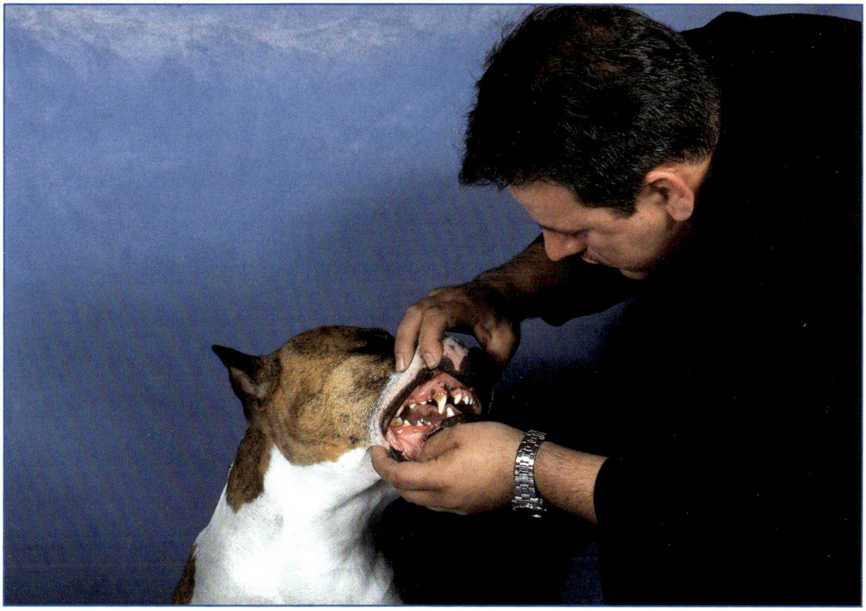

Wenn Ihr Hund nicht gerne frisst, muss dies nicht unbedingt an einer Erkrankung oder Verdauungsproblemen liegen – vielleicht hat er auch Probleme mit den Zähnen und das Fressen schmerzt ihn. Foto: I. Francais

Sie nach einiger Zeit in gefüllte Wasserbehälter stellen und die Temperatur langsam auf die Körpertemperatur steigern. Bei Erfrierungen an den Ohren umwickeln Sie diese mit feuchten Verbänden, deren Temperatur Sie ebenfalls steigern. Auf jeden Fall müssen Sie schnellstmöglich einen Tierarzt aufsuchen, der die weitere Behandlung in die Hand nimmt.

Verdauungsprobleme

Halten Verdauungsstörungen länger an, ist unbedingt der Tierarzt aufzusuchen. Handelt es sich allerdings nur um oberflächliche Probleme, können kleine Tricks schon ausreichend helfen.
Es ist nicht beunruhigend, wenn Ihr Hund einen Tag mal keinen Stuhlgang hat. Sie sollten aber nicht versuchen, das Problem durch alte Hausmittelchen zu beseitigen. Klären Sie lieber die Ursache. Hält die Verstopfung an, wenden Sie sich unbedingt an Ihren Tierarzt.
Ein Durchfall ist meist unproblematisch, tritt er nur ein oder zwei Tage auf, ohne von Erbrechen begleitet zu sein. Sollte der Durchfall länger als einen Tag andauern, sich nicht bessern oder dramatisch verlaufen, müssen Sie schnellstmöglich einen Tierarzt aufsuchen, denn der Elektrolyt- und Wasserverlust kann schnell zu einer inneren Austrocknung führen und tödlich enden. Gerade bei Brech-Durchfall kann es sehr schnell zu lebensbedrohlichen Situationen kommen.

Epileptische Anfälle und Krämpfe

Die Bandbreite der Auswirkungen und Schwere von epileptischen Anfällen und

Machen Sie sich und Ihren Hund mit den wichtigsten Handgriffen der Ersten Hilfe vertraut. Sollte es wirklich einmal zu einer Notfallsituation kommen, werden Sie beide von der Routine profitieren.
Foto: I. Francais

Krämpfen bei Hunden ist sehr groß, sie können sowohl fast unmerklich, aber auch lebensbedrohlich für den Hund verlaufen. Es gibt einige Rassen, bei denen Anfälle häufiger beobachtet werden, jedoch können die meisten Hunde einen solchen Anfall erleiden. Zu klären ist auf jeden Fall die Ursache für den Anfall. Die Anzeichen sind einheitlich. Neben einem unkontrollierten Zucken einzelner Gliedmaßen kann es zu recht dramatischen Verkrampfungen des gesamten Körpers kommen. Die Anfälle dauern in der Regel nicht länger als ein bis zwei Minuten und bleiben in der Regel folgenlos.
Helfen können Sie Ihrem Hund in dieser Zeit nicht. Am besten lassen Sie ihn in Ruhe seinen Anfall durchleben, denn in dieser unkontrollierten Situation könnte er Sie beißen oder sonst wie verletzen. Die Gefahr, dass der Hund bei einem epileptischen Anfall seine Zunge verschluckt, ist nicht gegeben. Im schlimmsten Fall erlebt Ihr Hund eine Bewusstlosigkeit, während der er

auch unkontrolliert Kot oder Urin ausscheiden kann. Manche Anfälle und Krämpfe verlaufen aber auch beinahe symptomlos, ohne dass Sie diese groß wahrnehmen.

An den Tierarzt sollten Sie sich trotzdem wenden, denn krampfartige Anfälle können Anzeichen für tiefer liegende Gesundheitsprobleme sein, gerade wenn sie häufiger auftreten. Auch nach einzelnen, besonders schweren Anfällen, die auch länger andauern können, müssen Sie einen Tierarzt zu Rate ziehen.

Augen

Verletzungen und Veränderungen an den Augen sind immer eine heikle Angelegenheit und sicher kein Betätigungsfeld für den Laien, sondern nur für den Tierarzt. Zu den akuten Zuständen zählen sowohl Hornhautverletzungen als auch Augen, die aus der Augenhöhle herausgetreten sind. Hier sind sofortige Maßnahmen unbedingt erforderlich.

Gerötete Augen weisen auf eine Reizung hin, die durch reizende Stoffe (zum Beispiel Wasch- und Putzmittel oder ungelöschter Kalk auf Baustellen), Allergien oder Fremdkörper im Auge verursacht sein können. Wenn Sie die Ursache nicht genau kennen, versuchen Sie bitte nicht das Übel durch Spülungen mit Wasser zu beseitigen, denn Wasser kann bei bestimmten Reizstoffen zu einer Auflösung und Verteilung führen. Suchen Sie besser sofort den Tierarzt auf, der das Auge genauer untersuchen kann. Ständig tränende Augen können auf unterschiedlichste Allergien hinweisen, die genauer untersucht werden müssen.

Gerade Trübungen der Linse, der Vorfall der Nickhaut oder schlaffe, hängende Augenlider sind meist Anzeichen ernsthafterer Erkrankungen und machen einen Tierarztbesuch unabdingbar.

Bei Verletzungen des Auges muss dieses unbedingt geschlossen und feucht gehalten werden. Ein Verband um den Kopf des Hundes wird nicht halten, da der Hund diesen abzustreifen versucht. Besser legen Sie auf das verletzte Auge ein nasses Watte-Pad und halten den Kopf selbst fest. Je nach Schwere der Augenverletzung fahren Sie zum Tierarzt oder gleich in eine Tierklinik.

Impfreaktionen

In seltenen Fällen kann es bei Ihrem Hund zu einer Überempfindlichkeit gegen einzelne Impfstoffe kommen – eine sogenannte anaphylaktische Reaktion bis hin zum Schockzustand ist die Folge. Eine Schwellung der Schnauzenregion und der Einstichstelle kurze Zeit nach der Impfung sind eindeutige Anzeichen. Bringen Sie den Hund unbedingt sofort zum Tierarzt, der die notwendigen Gegenschritte einleitet. Die Situation ist meist nicht lebensbedrohlich, muss jedoch behandelt werden. Da die meisten Impfungen lebensnotwendig und dringend vorgeschrieben sind, können sie nicht einfach umgangen werden.

Unterrichten Sie Ihren Tierarzt vor Impfungen immer über bereits bekannte Unverträglichkeiten Ihres Hundes.

Aufgeblähtheit
siehe bei Magendrehung 82

Autoimmunerkrankungen
Erkrankung des Immunsystems 82

Bandwürmer
Innenparasit des Darms, der auch auf den Menschen übergehen kann und besonders für Kinder gefährlich ist. 55

Darmparasiten
Die häufigsten bei Hunden auftretenden Darmparasiten sind Würmer 91

Demodex-Milbe
Eine Milbenart, die zu Hautproblemen führt, siehe auch bei Räude 90

Ektoparasit
Parasiten, die sich außen auf dem Wirt aufhalten 91

Ellbogengelenksdysplasie (ED)
Die Erkrankung entsteht durch eine anormale Entwicklung der Elle, daraus resultiert ein instabiles Gelenk 74

Endoparasit
Parasiten, die sich vor allem im Darm ansiedeln. Die häufigsten Innenparasiten sind verschiedene Würmer. 91

Epilepsie
Anfallserkrankung 77

Erste Hilfe 101

Flöhe
Der häufigste Außenparasit 85

FSME
Durch Zecken übertragene Viruserkrankung 88

Giardiase
Einzellerinfektion des Darms 99

Grauer Star (Katarakt)
Fortschreitende Linsentrübung, die zu völliger Erblindung führen kann. 78

Hakenwürmer
Innenparasit des Darms 55

Hepatitis, Gelbsucht
Virusbedingte und hoch ansteckende Leberentzündung, gegen die es wirksame Impfstoffe gibt 95

Hüftgelenksdysplasie (HD)
Eine genetisch bedingte Missbildung der Gelenkkugel und der Gelenkpfanne der Hüfte, die zu schweren Problemen führen kann 72

Infektionskrankheiten
Erkrankungen, die durch Bakterien, Viren oder Einzeller ausgelöst werden 95

Kokzidiose
Infektionskrankheit, die von Einzellern hervorgerufen wird 99

Läuse
Ein Außenparasit, ähnlich den Flöhen 86

Leptospirose
Bakterielle Infektion, die zu schweren Magen-Darm-Entzündungen führt, gegen die es aber Impfstoffe gibt 95

Lyme-Borreliose
Durch Zecken übertragene Bakterieninfektion **88**

Magendrehung
Zuviel Luft im Magen bläht diesen auf, so kann es zu einer Magendrehung und Magenverschlingung kommen **82**

Narkolepsie
Anfallserkrankung, die zu schlafähnlichen Zuständen führt **78**

Osteochondrose (OCD)
Eine Knorpelerkrankung der Gelenke, bei der sich das Knorpelgewebe nicht mit dem Knochen verbindet und im Gelenk zu Entzündungen führt **74**

Parvovirose
Virusinfektion, die für Welpen gefährlich ist und den Darm schädigt **96**

Peitschenwürmer
Häufiger Darmparasit bei Hunden, der durch regelmäßige Wurmkuren zu kontrollieren ist **55**

Räude
Jede Art von Hautproblemen, die durch Milben hervorgerufen werden **90**

Schilddrüsenunterfunktion
Hormonelle Funktionsstörung der Schilddrüse **79**

Spulwürmer
Darmparasiten, die vor allem für Welpen und geschwächte Hunde bei massenhaftem Befall gefährlich sind **96**

Staupe
Virusinfektion, die typischerweise in verschiedenen Stadien verläuft **96**

Toxoplasmose
Ein Krankheitsbild, das durch einen Einzeller – *Toxoplasma gondii* – hervorgerufen wird **99**

Tollwut
Virusinfektion, die ohne Impfschutz zum Tod führt **98**

Tracheobronchitis
Virusinfektion, die zum Tod führen kann, es gibt eine Impfung, die zumindest einen gewissen Schutz bietet **95**

Virusinfektionen
Hunde können von verschiedenen Viruserkrankungen wie Staupe, Hepatitis, Parvovirose oder Tollwut befallen werden **95**

Wurmkuren
Ratsam ist eine mindestens halbjährliche Entwurmung gegen verschiedene parasitische Würmer **55**

Zecke
Rötlich brauner bis graublauer, blutsaugender Ektoparasit, auch Schildzecke genannt, der gefährliche Krankheitserreger übertragen kann **88**

Zwingerhusten
Eine infektiöse Entzündung der Luftröhre und der Bronchien, die von Bakterien und Viren gleichzeitig ausgelöst wird (siehe Tracheobronchitis) **95**

Mein AmStaff

Platz für das erste Foto Ihres Welpen

Mein Hund heißt

Mutter

Vater

Züchter

Geburtsdatum

Hundemarkennummer

Besondere Kennzeichen (Tätowierung, Fellfarbe etc.)

Tierarzt

Telefon

Adresse des Tierarztes

Tierklinik

Besondere Termine (Impfungen, Untersuchungen)

Datum	Art	Datum	Art